喬木
書房

喬木書房

創造**管理奇蹟**的37堂課

管理
從豎起拇指開始

李志敏◎著

Management
re-thumbs
up

豎起大拇指，很多難題都會迎刃而解

無論是作為好的領導者，還是管理者，有一個優點是共通的：
那就是對員工會給予貼切的讚美，「豎起拇指去讚美」。
讚美可以給部屬帶來精神上的鼓舞，賦予員工一種積極向上的力量。
沒有員工的盡職盡責，沒有優質的人力資源，都不會給公司帶來長期的成長。

目錄

CONTENTS

第二章　眼光和智力的挑戰　39

每個人都有拇指，每個人也都知道要多豎起拇指，但對領導者而言，並不是多豎起拇指就能解決一切的難題，這需要高瞻遠矚的眼光和智謀的技巧。

第四章 拇指提升領導力 99

全球化市場競爭的到來，使得公司和領導者都特別關注對員工的激勵。大家都知道，員工是企業最重要的資源，對人力資源投入的程度和效果明顯影響著企業的競爭力。因此，有人說，現今最激烈的競爭是人才的競爭。

正確地使用批評，抱持著治病救人、與人為善的態度去批評，從理解部屬的真誠情感出發去批評，批評就能發揮其他方式不能產生的作用。公司內

第七章　優先向創新伸出拇指　211

創新力，是企業最寶貴的財富。不創新，則死亡。拇指管理思想特別重視創新的重要性，它認為在所有需要嘉獎、激勵的物件中，應該優先向創新伸出大拇指。

〔第三十二堂課〕沒有創新就是不稱職　213

〔第三十三堂課〕創新就要不怕犯錯　216

第八章　拇指的禁忌　225

有些領導者會將部屬的成績，全都當作是自己的功勞，或是在和部屬一起工作之初，對部屬的提議持反對意見，但事成後，卻又誇耀自己很有本事，這些作法都會打擊部屬的積極性，是與拇指管理思想中激勵、平視、承認員工的主張格格不入的。

CONTENTS

《前　言》

領導有方，拇指朝上

在閱讀這本書之前，你有沒有想過這樣一些問題？什麼是領導？什麼是管理？它們之間的差別是什麼？

管理是由「管」和「理」兩個字組成的，管理的物件是人，而管理的內容不僅是「管人」，更在於「理人」，也就是領導者要與員工保持良好的溝通。中國人講面子、重人情，認為不理人是最大的看不起；領導者發自內心的真誠關懷，是對員工最有效的激勵。沒有規矩，不成方圓，但如果人的積極性未被充分調動，規矩越多，管理成本就越高。

企業管理最基本的規矩，就是對人的尊重。優秀的管理者，要少強調「約束」和「壓制」，多花工夫於「尊重」和「激勵」方面。而「領導」從字面上理解，包括「率領」和「引導」雙重涵義，這其中隱含有領頭、方向、目的、戰略等多重涵義。

領導是一門藝術，管理是一門技術；領導傾向於動態，管理傾向於靜態；領導產生變化和運動，管理提供秩序和一致性；領導開闢視野、制定策略，管理制定計劃、進行預算；領導聯合員工，進行交流，管理組織人事管理；領導激勵、鼓舞士氣，管理控制、解決問題。

明白了這些，再讀下面的文字，益處更多。

領導既然是一門藝術，它就應該很難被複製。不可否認，前奇異公司總裁傑克．韋爾許的領導算是一門藝術，如果藝術可以複製，他的兒子將是第一個受益者。韋爾許肯定不會吝嗇自己的藝術被兒子繼承。可是，他的兒子起碼到現在還名不見經傳。由此可見，領導的藝術不是可以輕易複製成功的。

可是，作為掌握管理這一門技術的管理者，現在已經在世界各大商學院被成批成批地生產出來。

我們都知道：技術易得，所以好的管理者比比皆是。而藝術品不常有，所以好的領導者寥若晨星。

無論是領導的藝術還是管理的技術，最值得提倡也最卓有成效的措施是「拇指管理」，也就是透過讚美和激勵使員工更有效地完成工作任務。從某種意義上來說，透過領導者隨時可以採取的措施、行為，能發揮到激勵作用的方法、方式都可以叫做拇指管理。

讚揚表示欣賞，欣賞意味著尊重、瞭解，即使是朋友之間的讚揚，都可以產生發揮別人潛力的積極作用，作為拇指地位的領導者如果去讚揚，則更是如此。古語云：「士為知己者死」，就是對讚揚作用的證明。

作為領導者，重權在握，而豎起拇指恰當地讚揚員工，則是棄重權而不用，或者說重權輕用，這種方式相對於那些動輒怒目相向、大棒相加的領導方式，顯然是一種更高層次的領導藝術。因此，每個領導者應該經常問一問自己：上一次讚美員工是在什麼時候？上一次激勵自己又是在什麼時候？

第一章

五指的使命

豎起拇指表示肯定與讚揚，
伸出食指表示指責，
中指直立代表污辱謾罵，
無名指難伸代表隨意去做，
翹起小指代表鄙視。

人的每隻手有五根手指，在五根手指中，屬拇指的功能最多，力量最大，其餘四根手指，大多數情況下都需要拇指的配合才能完美發揮手之至剛、至柔、至靈、至巧。換言之，手之五指，以拇指為主，惟拇指是尊，屬拇指力大。手指雖有五，拇指如果不工作，則手之功能去半。

這裡所說的拇指管理，就是取其於手之至關重要的作用。換成說食指管理、中指管理都不如拇指管理重要。拇指始終處於領導者地位，這是拇指管理思想的基本原則之一。

按理，拇指為五指之冠，可以以力勝。但具體運用時，拇指運用其靈巧的一面遠遠多於其用蠻力的時候。這裡運用的是以柔克剛，此為拇指管理思想的基本原則之二。

同時，拇指最善於經由行動去配合，懂得透過參與工作去領導，此為基本原則之三。

具體運用拇指管理思想時，作為領導者，最常用的是豎起拇指去激勵、讚揚員工，這是基本原則之四。

拇指只有與其他手指配合，才能精確地完成更複雜的任務。同樣，領導者必須與員工結成相互信任的同盟，對員工充分信任，這是基本原則之五。

將上述原則概括起來，則拇指管理思想包括以下內容：

一、通過最高層領導的拇指管理思想，帶領公司內各級、各層的管理人員使他們在一定程度上也成為一根大拇指，並且能夠熟練運用拇指管理思想中激勵、嘉獎的思想。最終達到使全公司凝聚力、戰鬥力得以提升和領導本人領導力得以提升的雙重功效。

二、拇指管理思想要求領導者和員工對於公司內的各種創新活動，都要抱持著以一種寬容的鼓勵態度。

三、拇指管理思想追求實事求是的科學態度，忌在激勵員工時不分輕重，眉毛鬍子一把抓，搞平均分配主義，而是要求實施拇指管理思想的人能夠做到具體問題具體分析，尤其要做到能夠根據員工的不同需求，以不同的激勵方法區別對待。

四、拇指管理思想並不否認批評工作的重要性，但是注重將其與讚賞、激勵有效結合起來使用，以期望達到更好的批評效果。

五、拇指管理思想要求領導者關心員工，不可以無視員工的挫折和困難，而是注重鼓勵領導者幫助員工戰勝挫折，通過戰勝挫折，而使公司得以進步。

六、強調行動。拇指實際上是行動者的典範、掌握拇指管理思想的領導者，也應該是行動者，而不是空談者，拇指管理思想強調的是一種透過參與行動去領導的方式，但是作為領導者，他又要保持著一種高瞻遠矚的姿態，他是高瞻遠矚與腳踏實地的完美結合。

〔第一堂課〕

姆指激勵：你是最棒的

無論是作為好的領導者，還是管理者，有一個優點是共通的：那就是對員工會給予貼切的讚美，豎起拇指去讚美。領導者使用讚美，可以更好地帶領公司走上一個新的台階。管理者使用讚美，可以更好地完成階段性任務。

豎起拇指就是激勵，激勵就會得到效率和利潤。

沒有員工的盡職盡責，沒有優質的人力資源，任何技術都不會給公司帶來長期的利潤。

讚美可以給平凡的工作帶來身心愉快的享受，給部屬帶來精神上的鼓舞，賦予員工一種積極向上的力量。其實，每個員工都希望得到別人的欣賞和讚美，每個員工都希望在讚美聲中實現自身的價值。

領導者不要吝嗇自己的讚美之辭和肯定的掌聲，要為員工的每一次成功真誠地喝采。讚美能讓員工做得更好，因此，領導者不要忘了學會實用的讚美技巧，讓每位應該得到讚美的員工及時受到鼓勵。

有一次，成功學家卡耐基去郵局寄掛號信，從事著年復一年的單調工作的郵局辦事員顯得很不耐煩，服務品質很差。當他為卡耐基的信件秤重時，卡耐基對他讚美說：「真希望我也有你這樣的頭髮。」聞聽此言，辦事員喜出望外，他驚訝地看著卡耐基，接著臉上露出微笑，熱情周到地為卡耐基服務。

由此可見，喜歡被讚美是人的天性，每個人都渴望得到別人的誇獎和讚美。一位哲學家說：「人類天性中都有做一個重要人物的慾望。」這是人類與生俱有的本能慾望。人類天生有一種被人稱讚的強烈意願。

美國克林造船廠ＣＥＯ丹尼．鮑克是最能領會拇指激勵的人。他將稱讚別人看做是一種功能異乎尋常的驅動工具。

這位企業家當任造船廠ＣＥＯ的時候，所有人都被他調動起了巨大的熱情，從經理到工人，他都很大方地給予嘉獎，稱讚工作人員的工作技巧，使受獎的人都覺得這比金錢獎賞更為可貴。

這家造船廠承造的小型軍艦要在半年內完工，造船廠裏所有的記錄都被打破了，最終按時保質保量完成了任務。丹尼·鮑克召集造艦的全體工作人員發布了一篇慶功的演說辭，並且贈送給每人一枚銀質獎章和當時總統的一封信。最後他轉向負責監造者，從自己的袋子裏拿出一只金錶，親手遞給他，作為一個獎勵的紀念。

把讚美送給別人，即使是隻字片語，也會在他的精神上產生神奇的效應，使其心情愉快，精神振奮。在讚美的過程中，雙方的感情和友誼會在不知不覺中得到增進，而且會調動交往合作的積極性。

值得注意的是，讚美不要盲目，要公平合理，實事求是。

〔第二堂課〕

食指指責：都是你的錯

人之五指，惟有食指離拇指最近，與拇指配合的機會最多，除了拇指之外，它的功能最大。在拇指管理思想中，它代表指責。

在公司裏，我們常常可以見到這樣的事情，主管在一位犯錯誤職員的面前大聲嚷嚷，而職員則據理力爭，一副寸步不讓的樣子，然後，雙方的聲音就越講越大聲。這時，做主管的，越來越生氣，於是直接指責起部屬的種種過失。往後的結果，不難想像—雙方不歡而散，導致雙方都沒有料到的互相厭棄的失控地步。

與食指頻繁被使用相似，做主管的，最容易指責部屬。

像下面這樣責備員工的事是經常可以看見的。

「哈里，你難道就不能多花一點心思做好一項工作嗎？」

「怎麼，你是在做工作嗎？」

「你就是不認真，做事做成半調子，我不知道這究竟算不算是你們這一代年輕人的共同性格，還是你本來就不喜歡工作？我想，你肯定不是我們這裡需要的那種員工。你要麼洗心革面，要麼另謀高就。」

眾所皆知，改變一個人的性格是非常困難的，正所謂：「江山易改，本性難移。」至少用上面那樣的方式去處理問題就會陷入困境。當主管把哈里的行為歸到他的為人上，這使得雙方都陷入了困境。哈里陷入困境可能是因為他不希望改變自我，當然也不知道如何去改變目前的狀況；主管陷入困境是因為他不相信哈里能改變什麼。

如果主管把注意力集中在哈里的行為上而不是他的個性品質上，至少還會留出一點可以改變的餘地。只要我們知道什麼行為需要改變，以及改變這一行為的原因，那麼我們就有能力在很大的範圍內改變自己的行為。如果哈里和他的主管把重點放在具體的行為上，那麼哈里就能知道他該做什麼，也會在做與不做的問題上做出決定。

因此，可以說，只要領導者稍微不注意，就有可能在自己的言行中表露出對部屬指責的意思。

用事實來說話，利用有支援力的資料。你的判斷（我不認為你有在做好一件工作）遠不及那些能表示其行為缺點的資料（我看到你這週已經遲到三次了）有說服力。圍繞問題展開討論。不要從錯誤行為的討論上開始（你在挑剔我或者你就是不喜歡我），你可能想找那樣的話題，但應該是在你處理完這個問題之後。

一個「好」的員工之所以好，是因為他的工作表現不錯，把重心放在工作表現上。不要說：「你是個了不起的員工」，而要說：「你總能很好地把工作完成，我對此的確很欣賞」。你的評價不僅集中在他的行為上，而且還要使員工對你所珍視的行為有具體的概念。

工作表現有四個要素：

工作者的動機；

工作者的客觀行為；

公司對該行為的支援；

行為的結果。領導者應當對希望得到的行為結果給予支援，你應該知道客觀的結果是什麼。完成這四點時，如果你還沒有得到你想要的結果，你和你的員工就要找出他的行為不足之處以及糾正的方法。此後，改正行為就成了員工自己的責任。

所有這些事情都不要涉及員工的品格，這是員工自己的事情，你和員工需要關注的應該是他的工作表現以及改善工作表現的方法。切莫亂伸食指。

〔第三堂課〕

中指污辱：謾罵激化矛盾

中指突出之處在於：它是五指中最長的一根。就長度來說，它是攻擊力最強的一根手指。它的伸出表示是一種污辱。在領導者身上，它的出現，比食指更具有破壞性。拇指管理思想要求，不到萬不得已，不可以亂用。食指指向員工的錯誤，而中指直指員工的自尊心。古人云：「士可殺不可辱」，由此可見中指亂用具有毀滅性。

領導者在日常管理中不能太情緒化，更不能隨意罵人。罵員工只會使員工的工作效率急劇下降，而絲毫沒有辦法解決問題。如果員工在工作中出現了錯誤，該批評時則批評，但是批評時也要講求藝術，這在後面將有章節專門論述，這裡則不予敘述。

無論如何，對待員工大發雷霆，對事情是無法幫助的。做領導的一定要切記，如果面對部屬的失誤，領導者說：「你沒有腦袋嗎？」、「笨蛋也比你強一些」等等之類的話，都有可能傷害到員工的感情和自尊。

領導者不可以污辱員工，即使在部屬頂撞你的時候，也要保證能夠做到。

不管頂撞你的部屬員工是一時的心情激動、精神緊張、不能自制、失去理智、言辭過激，還是生性脾氣暴躁、性情急躁，或者是員工急公好義，看不慣領導者的某些行為而大放厥詞，領導者都不可以硬碰硬，而應採取委婉的態度，先表面上將他的頂撞意見接受，然後再把他往正確的方向上引導，待員工火氣漸息，再言輕意重地指出他的不足之處。

當然，對於那些存心找碴，無理取鬧的人，要義正辭嚴地批評，以樹立領導者的威嚴。

被頂撞是領導者在管理中在所難免的，關鍵是對此要心胸寬廣，表現出高姿態。領導者的高姿態，可以贏得化干戈為玉帛的機會。

至於那些自以為在自己一手創立的公司裏，可以想怎麼罵人就怎麼罵人的領導，等待他的遲早是人才散盡之後，公司疲軟直至倒閉的結局。

〔第四堂課〕

無名指冷漠：隨便看著辦

在五根手指當中，無名指的長度僅次於最長的中指。去醫院驗血你有沒有注意到，左手無名指常被醫生用來當作取血的手指。

驗血化驗時為何多選左手無名指指尖？

原來，這是從方便採血和對手部功能及生理結構等多方面綜合考慮後做出的選擇。除了手上採血便於操作且比較安全外，選用無名指，是將人手的主要功能——拇指、食指和小指排除在外，因為準確精細的動作要靠它們協同配合完成。而中指在各項勞動中所承擔的力量要大於無名指，所以化驗採血的職責便理所當然地落在了無名指上。這就意味著，無名指是最不被重視的手指。

在拇指管理思想中，無名指表示對員工的漠不關心和冷漠。

我們都知道，工作效率不是由各種管理規章所決定的。為什麼？這是因為，員工們希望與自己的直接上司之間有積極的關係。

弗雷德·史密斯——聯邦快遞公司的創立者和首席執行長創立了一種文化，這種文化鼓勵經理們，盡可能地為部屬員工們創造一個好的工作環境，清除掉員工們可能遇到的任何障礙。不幸的是，有一些公司卻採取了另一套辦法，而它們最終被競爭者所淘汰。今天，經理們需要留意這樣一句話：我希望自己不是(員工的)絆腳石。

如果你直接或間接地向你的員工傳達如下的資訊——你不關心他們，按照拇指管理思想，你伸出的是五指中的無名指，你的這根手指代表的態度是漠視。

你伸出的無名指會使你的公司的效率下降，員工們對於被漠視的感覺十分敏感。如果被他們知道了你的漠視，他們就不再具有想要取悅於你和你的客戶的願望。

〔第五堂課〕

小指輕視：說不行就不行，就算行也不可以

小指是最不起眼的手指，但它的作用卻不可小看，缺了它即使再有力的手掌也會感覺力不從心，從而影響全局的工作。

許多管理者往往過分注重自己的權威，希望部屬對自己言聽計從。正因如此，有些主管總是要求自己與部屬保持一段距離，讓部屬產生敬畏感。透過輕

視員工來達到塑造領導者形象的目的，這種做法是很過時的。

現在，聰明的管理者更加懂得：只要能夠把工作做好，能不能施展手中的權力倒是次要的，在別人心目中是否有權威，也是次要的。

如果領導者一味強調自己的權威，對於其他員工，他就是在強調這樣一個資訊：他是一位高高在上的領導者。

也就是說，他違背了拇指管理思想——尊重員工的基本要求。

一家大型出版集團的部門主管所負責的那個部門，是該公司比較有影響力的一個部門，他手底下有一百多個作家、編輯和插畫家。這些人都非常聰明、有創造性並且富有經驗，但是，他們也經常會稍有不滿就大發脾氣。要想管理好這些人，管理人員首先必須要有耐性，還要有一定的伎倆和戰術——而後者則不是這位主管所擅長的事。由於他剛剛被調入該公司領導階層不久，所以，一開始，他還不便於對公司事務說些什麼。

幾個月以後，他發現有一個編輯經常在一個重要的編輯方案上磨磨蹭蹭。

於是，這位主管提出要求在近期內看到一些這個人所編輯的文字。但是，出人意料的是，這位編輯聳了聳肩，說了一個不能稱之為藉口的藉口。

由於首次出擊就遭受了挫折，這位主管無名火起，決定要壓一壓這個編輯的銳氣，便以勢壓人地說：「你必須按照我所說的去做，因為你是在為我工作！」

沒有想到，這位編輯回答說：「你想的美。我根本就不是在為你工作，我是在為公司工作，你只不過是湊巧被公司安排過來，成了我的頂頭上司而已。」

也許，這位編輯只是在咬文嚼字。但是事後，這位主管對編輯的話再三品味，終於發現了問題。

如果說，一個管理者的權威，是以員工忠誠地為他工作為基礎的，那麼，反過來如果員工不是在忠誠地為他工作的話，這就說明，他在那個員工的心目中沒有權威，作為一個管理人員，你不可能讓所有的人都擁護你，不管他們到底出於什麼原因，總會有人恨你，有人懷疑你。有時，即使有些人一開始對你很忠誠，他們也可能會收回他們對你的忠心和支持。就這些人來說，如果他們不對你表示支持的話，那麼他們就會對你表示反對。這位主管是一個十分聰明的管理者，他最終設法使自己從這種對抗中走了出來。

這位主管是怎麼處理這個問題的呢？後來，他解釋說：如果有人明確地告訴你說，他不是在為你工作，那麼表明，你和他之間還沒有建立起一種管理者與被管理者之間應有的關係。因此，若想實現有效領導，你必須讓他明白，你是真誠地尊重他，而不是小看他。正是抱著這種態度，這位主管很快地改變了他與那位編輯的關係，到後來，那位編輯主動將自己的作品拿給主管看，並懇切地希望他能提出寶貴的意見。

類似於這樣的例子，我們經常可以看到，給我們的啟示是—不應該小看任何一位員工。

在這裡需要強調的是—公司管理的工作千頭萬緒，作為領導者運用的管理技

術固然重要，但卻不如尊重員工的心態更重要。

你對員工的心態，是尊重還是鄙視，這些都是難以掩飾的。與其偽裝著去表示重視，不如發自內心地去瞭解你的員工，尊重你的員工，滿足你的員工作為一個人的正常需要。

最後，需要說明，身為領導者，在工作中不可能不犯下一些錯誤，如果犯了錯誤要儘量改正，但千萬不可過分自責，領導者同樣需要對自己表示出欣賞，領導者同樣需要適時的激勵。如果領導者對自己的錯誤一直耿耿於懷，難以自我原諒，很難想像他對於員工的錯誤會抱以寬大的胸懷。

第二章

眼光和智力的挑戰

每個人都有拇指，
每個人也都知道要多豎起拇指，
但對領導者而言，
並不是多豎起拇指就能解決一切的難題，
這需要高瞻遠矚的眼光和智謀的技巧。

每個員工都需要得到領導者的激勵，並且也需要得到其他人的尊重；需要別人知道自己的價值，自己的優點；也希望能在家庭或工作場合中，感受到那麼一種不可或缺的信任。這是一切交往、一切談話的基本出發點，也是古人所謂「行止於禮」的涵義所在。

有位導演，在重拍鏡頭時，一定會先稱讚所有的工作人員：「嗯，好極了，現在我們來個稍微誇張的演出。」經他這麼一說，所有的人都會表示願意，因此自然而然地接受導演的指揮。所以，以溫言輕語來褒獎他人，容易讓對方接納。

注意，那種廉價而虛偽的恭維，千萬不要說出口。人際間充滿善意和誠意的交流，增加語言的修養，將是永遠需要的，它尤其體現在領導者的激勵方法中。讚美要公正，上司稱讚部屬實際上也是把獎賞給部屬，這就要求做到公平、公正。

身為領導者若始終擺出上司的架子或長官的威風，對新進員工「雞蛋裏挑骨

頭」，以此來顯示自己的能力，會給新進員工心理上形成「被責備的挫折感」，從而使員工在關鍵時刻麻木不仁。一般說來，當部屬工作順利時，上司容易認為那是理所當然的，於是部屬逐漸變得對工作漠不關心。反之，在部屬成功時，如果能夠適時地給予激勵，那麼他的熱情和進一步學習的意願相對地也會提高。

激勵本身對於教導部屬的確是很有用的方法，而且容易實施，只需看準時機，適時地對部屬加以讚美，便可以使部屬工作的效率大為提高。不需要什麼特別的成本，惟對領導者的眼光、智力是個挑戰。畢竟，誇獎也要誇到重點上，就像好鋼用在刀刃上。

〔第六堂課〕

拇指的指向

激勵措施必須正確，才能產生預期的效果，領導者要進行拇指管理，首先要明確拇指激勵的物件。

一、獎勵那些能為公司帶來長期競爭力的人

對這些人實行獎勵，就意味著將獎勵視作解決問題的通常辦法，而不是一時心血來潮的應急對策。大多數的公司都傾向於獎勵那些能暫時解決問題而帶來利潤的辦法，而不贊成獎勵能為公司帶來總價值增加和長期利潤的長久解決問題的辦法。關於暫時解決問題的辦法的例子包括：為實現短期目標同時也為了省錢而使用落後的設備；過於強調降低成本；短期內迎合顧客而取得顯著利

潤。而另一些被人們普遍接受且著眼於長期的更有效的策略，則與暫時解決問題的辦法相反，它主張：建立長遠目標，投資購買有助於提高生產效率的工具和設備；提供不斷強化管理的高效率方法；提供為贏得長期顧客而實行的優質服務。

二、獎勵有目的而去冒險的人

許多公司都會在獎勵那些安分守己、循規蹈矩的員工的同時，無意間傷害了那些更具有創新能力的員工。往往是敢於創新的人犯錯誤的機會多，就好比是經常趕路的人，難免被雨淋，而怕淋雨躲在家裏的人雖然沒有被淋雨的危險，但是，永遠也只能待在屋子裏。

其實，一個具有發展前途的公司，應該也必須具備敢於冒險且能創新的能力，應該提倡創造一種更有建設性的冒險氣氛。例如：既重視成功也不鄙視失敗。老闆應誠懇地向職員說出他們的失敗之處，強調失敗是成功之母，鼓勵謹慎的冒險，反對魯莽的冒險等。

三、激勵具有創造性的人才而非沒頭腦的追隨者

一些創造性的成就剛開始通常並不被接受。為營造富有創造性的氣氛，在公司應該樹立幾個榜樣或制定若干方案，包括：創造一個寬鬆的、非正式的、扶持性的環境；支援競爭，支援那些對工作或產品有極大熱情的人；對別人的錯誤採取寬容的態度；致力於確立創造性的目標；給予革新者物質獎勵，鼓勵他們的創新行為。

四、激勵行為果斷的決策者而非拖泥帶水者

一群人很難達成統一意見，一個人能做的就儘量去做。下面是關於兩個有抱負的管理者瑞格和塞格的故事，正反映了這個問題。瑞格是個默默無聞、辦事效率高的人，而塞格卻大做表面文章，他建檔案、設立委員會、召開會議等，等他要解決一個難題的時候，瑞格早在幾個星期前就已經解決了。但他們的公司卻獎勵了塞格。公司認為塞格是一位很有組織能力的管理人員，因為他

做了多方面的分析。獎勵塞格的公司忽視了最重要的一點，任何公司的目標最終都是看成果的。萊伯夫建議，為了達到預期的效果，管理者們應該支持「你要做什麼，現在就做」的行為。那些果斷大膽的人一旦行動起來成功的機會就多，因為別人總是在猶豫不決。

五、激勵有效率的人而不是勞而無獲者

有些公司只重視生產而不是注意提高生產能力。怎樣才能提高生產能力呢？主要包括：提倡人們合理安排時間；挑選工作效率高的員工，讓那些勤奮的人充分發揮潛力；拋開繁文縟節，明確公司目標，簡化工作程式。

六、激勵簡化工作方法的人

好的管理方法是一件簡潔的藝術，而非冗繁的藝術。作為英國西菱克斯和史賓塞董事會主席的西蒙先生，對工作簡單化問題很有研究，這可透過西蒙先生的事例加以說明。西蒙先生透過反覆研究他店裏的每個員工的工作程序，發

現他們做了許多毫無意義的事，於是他開始著手簡化工作程序，去掉多餘的表格和官僚式的文件。經過重新組織，減掉了二千二百多種表格，廢棄文件的重量多達一百多噸。簡化工作的本質可以概括為：除去不必要的環節。這裡提出一些可行性的建議，如精簡機構擬書面形式確定各自的工作，鼓勵員工簡化操作程序，建立完善的操作程序、控制和協調體系。

七、激勵那些做了成績但默默無聞的人

一些公司往往容易忽視那些表面安分守己、實則成績突出的人。有關專家指出：一名管理者要花百分之八十的時間研究高效率的工作程序，花百分之二十的時間研究如何改進低效率的工作程序，這樣的分配時間收效顯著。這裡有一些建議，可以鼓勵默默無聞但工作成績突出的員工。這些建議包括：注意並鼓勵效率高的員工，對牢騷滿腹者不予理會；制定獎勵積極工作行為的標準，對工作提出有益的批評意見等。

八、激勵高效工作者而不是速度便捷者

過分追求工作的速度和便捷常常會導致質量的問題，因而損失慘重。反之，質量提高了，成本就會相對地降低，而且提高了員工的滿足感，也增強了顧客對公司的忠誠度。德魯克相信，如果人們懂得正確的操作方法，並且獲得適當的激勵，他們就能提高產品的質量，並可進一步追求完美。例如：第二次世界大戰期間，所有的降落傘包裝者都要參加定期的跳傘試驗，這樣就不存在降落傘包裝的質量問題。但問題是，企業生產中的質量低劣問題是忽視了對高質量的工作給予獎勵。

為了引起整個公司組織對質量問題的高度重視，可採用如下手段：增強人們對與質量有關的實際問題的敏感度；利用經驗豐富者的專長，以各種與質量有關的方式向顧客提供服務；與消費者保持聯繫以獲得資訊反饋；在進行質量統計控制過程中對公司內的全體人員進行培訓。

九、激勵一直都忠於公司的人而非陽奉陰違者

「只要真誠待人，就能從對方那裡得到信任和讚賞。」然而有許多公司的管理者，口頭上說想得到員工的信任和讚賞，但卻經常挫傷老實本分員工的積極性，因為管理人員只顧給多次聘請才得來的員工高薪，盡力挽留那些威脅說要跳槽的人，而對於忠心之士卻缺乏鼓勵。

只要管理者能給員工提供穩定與安全的工作，支持他們繼續接受教育，進行自我發展，提供公平的獎勵，並保持和員工的密切關係，就能營造良好的工作氛圍。請記住這樣一句話：「想要別人怎樣對待你，你就應該怎樣對待別人。」

〔第七堂課〕

新老有別，喜新不厭舊

在拇指管理中，值得注意的是，針對新老員工，要注意區別應用不同的讚美方法，才會取得更佳的效果。

一、針對新進員工的讚美

在一個公司，新進員工如果對自身的職責沒有明確的認識，最後可能就會離開該公司。要想讓員工對自己所做之事感到踏實、舒服，就要為其佈置明確的任務，讓其有清晰的認識。模棱兩可的任務會讓員工感到不安，以至於跳槽。

明確了新進員工的職責之後，就可以適當地結合員工的職責開始讚美，這樣可以使新進員工能夠很快地對新工作產生心理上的自信。

日本元西鐵路的總監三原修就善於讓員工充分發揮自己的能力。他在每一次迎接剛加入工作的年輕人時，就對他們說：「我一直等待著你們的到來。」那些自尊心很強的人，聽到這種話，內心總是很興奮，因此工作起來特別幹勁十足。

這種自信是非常有利於員工適應新的工作環境的。

當新進人員或初學者有明顯過失時，予以斥責是不可取的。你這麼做只會使員工陷入一種不良的工作氛圍中。因為犯錯誤而受到指責—被指責後便退縮不前—受稱讚的機會越來越少—喪失自信，缺點增加，萌生離職的念頭。相反，如果去表揚員工的優點，效果就會大不一樣。

如果領導者能夠體會到初學者開始時犯錯誤是情有可原的，並找出其優點來加以鼓勵，必可形成一種良性的循環。

那就是，領導者可以很明顯地知道部屬有缺點，這點幾乎是必然的，新進員

工不可能像老員工那樣對公司的業務駕輕就熟。也要找出優點來讚揚新進員工——部屬因受到讚揚而產生自信—由於有進步，所以有更多被讚揚的機會。

一般公司都忽略了一點，他們都只依據成果來判定好壞，所以不但培養不出部屬的進取精神，還抹殺了他們的創造性。對那些努力減少不良率、提高生產力、節約經費、開發新產品、改善作業方式的員工，若都能給予正面評價和鼓勵，將對公司未來的發展很有幫助。

新進員工剛開始工作，往往能從領導者的話裏來估計領導者對他的印象及評價。因此，領導者的口頭稱讚對他往後工作的開展至關重要，他會因為領導者的稱讚而增添許多自信，因為肯定而增加工作的熱情。

所以，作為上司，在與新進職員談話時，一定要多稱讚他們，稱讚時一定要注意對他們的每一句稱呼，不要常說「新人怎樣」、「新人如何」。「新人」這兩個字會讓新進員工感到不自在，會讓他們覺得領導者對他們還不夠器重。

稱讚新進職員時，還應該注意：

首先，稱讚內容簡單明瞭，不致使新進職員誤解；

其次，稱讚的內容要具體；

最後，稱讚必須是真誠的，是發自內心的。一些主管對員工的每一件小事都表揚，那麼，當真正值得表揚的事發生時，表揚就顯得不那麼有重要了。

二、針對老員工的讚美

作為公司的老員工，他們在公司裏已經工作了一段時間，相互之間已經比較熟悉。對這些人的讚美一定不可以落在虛處，而是要真誠地指出他們工作中的優點，表揚他們為公司所做出的成績。

對老員工要注重激發他們的責任心和使命感。

當一個人懷有強烈的責任心和使命感的時候，他往往會具有常人難以想像的堅強意志和持續高漲的工作熱情，會為了責任和使命奮鬥不懈。責任心和使命感，對人的激勵效果是顯而易見的，它很容易激發出人身上蘊藏的巨大潛能。

美國的賈費德博士認為，使命感是一種促使人們採取行動，實現自己理想的心理狀態，決定人們行為取向和行為能力的關鍵因素。

如果你認真觀察一個人的行為取向，你就會發現他的內心賦予自我的使命是什麼。人們賦予自己的使命可能是多種多樣的，譬如：為先天殘疾的人提供服務，並為他們爭取應有的權利；熟練掌握公司中各項業務的操作過程，為他人提供指導。

把自己的使命用文字寫下來，對於人們把注意力集中在特定的事業之上有很大幫助；但是，行動卻可以讓人們覺得自己的使命更為清晰、更為具體。戰勝挑戰、完成使命的經歷，可以使人的個性特長進一步得到加強，比如領導能力、合作能力、溝通技巧、邏輯思維能力、讚揚他人以及專心致志地工作的能力等。

具有使命感的人，首先要具有鋼鐵般的意志，再來就是一個實踐家。他富有很強的探索精神，勇於全心投入；他不是被動地等待著新的使命的來臨，而是積極主動地去尋找；他不是被動地去適應新使命的要求，而是主動地去研究、變革所處的環境，儘量做出一些有意義重要的貢獻，並從中汲取再一次走向成功的力量。

由此可見，責任感、使命感對人的激勵作用是相當大的。

最後要記住，對於老資格的職員，不可一味地迎合與稱讚，要懂得適可而止，否則會導致老員工有著驕傲的心理。

〔第八堂課〕

責任就是在其位謀其事

松下幸之助善於巧妙地運用「用人激將法」來提高員工的責任心。他認為，公司職員身上最寶貴的莫過於他們的責任心。在企業經營中，為了調動人們的積極性，也可以適當地運用激將法。因為人們普遍具有在困難面前不低頭、不認輸、不服氣的強烈自尊心，利用這種心理，會更有效地喚起人們的聰明才智。

「只要有百分之六十的可能，就放手一搏吧！」松下常常以這句話激勵自己的員工。松下認為，授以難度稍微高於其自身能力的工作，可以加速人才成長的過程。

昭和初年，剛進入公司才二年的一名年輕職員奉命以三百萬日元成立金澤分社，當時，松下鼓勵他說：「你一定可以做到的，天底下沒有你達不到的事。

試想想，戰國時代加藤清正和福島正則等武將，都是在十幾歲時便闖出天下，明治維新時的志士也都是年輕人，何況你已過二十歲，沒有做不到的，不必擔心，要有自信。」這些話，正反映了松下讓部屬「放手一搏」的期勉之道。

激發員工的使命感和責任心，意味著讓員工自主地承擔一定的責任。一個團隊的工作往往包含許多必須由團隊成員分別來承擔的職責，這些職責越明確，團隊生產力水平就越高。

有些具體的任務需要全體成員共同完成。這些任務的職責必須界定清楚，並明確地傳達給有關人員，做到對準備做什麼心中有數，如果任務分配和目標不明確，一旦任務完成得不徹底，就會出現互相指責的情況。為避免相互指責和推卸責任，就必須與他人進行清楚的溝通，讓那些接受任務的員工解釋他們所理解的職責是什麼，如果能保持一致，則更有利於達到既定目標。

同時，那些承擔具體任務的人也會因清楚地理解了職責而感覺更舒服—因為他們理解了各自的角色。

優秀的、敬業的員工對自己努力的結果無論是好還是壞都願意接受。

如果做得很好，就希望得到獎賞，如果沒有實現預期的目標，就準備接受責罰。當員工意識到自己的名譽受到威脅時，就會努力工作以達到或超越既定目標。

第三章

屈伸有道

相同的拇指在不同環境中有著不同的作用，
領導者要善於根據不同的需求豎起不同的拇指，
用多種激勵方案來滿足員工的各種需要。

在實施拇指管理之前，領導需要瞭解員工不同的需求，明白需求之後的心理機制才可以有的放矢，才能更好地激勵員工。

如果一個員工做出了對全公司都有利的革新，而領導者只是對他進行了一次隨機的口頭讚揚，那就明顯地犯了大功勞伸小號拇指的錯誤。這種做法的結果是該員工會失去革新動力，變得平庸，得過且過。這是拇指思想所不允許的。

拇指管理思想一直鼓勵領導者、管理者在公正恰當地評價員工功勞、業績的基礎上給予及時的激勵和獎勵。對於那些在某一時間或某一部門起到改善作用的人，應該由上級領導者出面給予讚賞和表揚，並酌情給予獎勵，以示整個部門或者至少表明上級領導者已經知道了他的成績，並且很重視他的工作。

如果該員工的功效繼續擴大，則應該由更上層的領導者給予相對的激勵。如果功效再擴大，則再升高激勵的級別，直至公司最高領導者給予員工獎勵。

這就是拇指管理思想中，根據不同功效給予不同量級激勵的觀念。

一般來說，全公司裏總裁的激勵是最高級別的激勵，拇指管理思想將之視為最大型號的拇指，副總裁部門經理領導者的激勵與總裁相比，能量稍次，拇指管理思想將之視為次大型號拇指，依此類推，一個辦公室負責人的激勵算是最小型號的拇指。公司的梯級層次越多，則相對的拇指型號也越多。如果一個員工只是為本辦公室做出一點亮麗的工作成績，於是用最大型號的拇指來激勵，就像一個三歲小孩戴著美國籃球明星歐尼爾的帽子，顯然是不合適的。

激勵應從理解偏好入手，要設計一個有效的激勵機制，前提就是要如何理解人們的偏好，偏好不同則構成不同的需求。當領導者讓人力資源主管在建立各種各樣的激勵機制時，必須能夠預見到激勵物件對此做出的反應，無論是設計薪資制度，還是招聘、解雇、職稱、職位、工作環境等政策，只有深入理解他們的偏好，才能找到符合企業發展需求的最優方案。

〔第九堂課〕

伸向情感的拇指

事實表明，由情感投入的員工所組成的團隊，往往能獲得傑出的成果。而且，當顧客感受到你的員工用熱忱與真誠對待他們時，他們一定也會以相同的情感回應。這種員工與顧客之間的情感投入和情感互動，會變成企業持續成長的因素。

因此，拇指管理思想認為，領導人有責任為公司創造情感投入的良好環境。隨著企業結構的扁平化，企業的高績效主要源於員工的自發進取。因此，領導人的重要職責是：幫助員工發揮天賦潛能，架起員工與工作團隊、員工與顧客、員工與企業間的情感橋樑。一名好的領導人應該是合格的「情感工程師」，能促使員工對工作更多地投入情感、動力。

以下有十二種促進員工情感投入的有效方法：

1 明確定義每位員工達成成果的方法，而不是界定每一步該怎麼做。

2 提供員工所需的資訊和工具，並協助其取得所需的技能與知識。

3 知道每個職務需要具備哪些天賦才能勝任，挑選人才的主要依據不是經驗或智力，而是能適合此職務的天賦。

4 及時讚揚員工的優點，心中清楚其值得讚美的成果或表現。

5 真正關心員工的成長與成功，不懼怕他們超越自己。當發現有人不適合留在公司時，也出於為其長期發展著想，要有勇氣規勸他們另謀他職。

6 幫助每位員工區分「與生俱來的天賦」和「學習到的技能與知識」。幫助他們增長在所屬領域的長處，提供嘗試擔任新職務的機會。

7 傾聽員工的心聲和意見。

8 理清企業的使命、願景或核心價值。幫助員工找出他們的價值觀與公司價值觀之間的聯繫。有些員工熱衷競爭，有些員工認同服務的重要性，有些員工則重視技術能力。經理人的責任是：瞭解每位員工的價值觀，使員工扮演的角色和公司的目標相關聯。

9 理清「品質」的定義。確保所有員工以追求顧客滿意的品質為目標，每個人都致力於達到品質的要求。

10 當員工相互合作、共同努力、無後顧之憂時，也最容易做出成績。因此，經理人應設法營造有助於增進員工友誼的工作環境。

11 定期與員工進行成果或事業發展測評。要求員工記錄自己的各方面進展與成就。

12 應該瞭解不同員工對於學習的不同看法。有人希望經由培訓課程學習知識，有人認為升遷和增加責任是學習機會等等。

〔第十堂課〕

你的態度我做主

根據美國蓋洛普機構的四十多項研究調查顯示：員工大致可分成投入的員工、不投入的員工及非常不投入的員工三大類。在大多數公司中，將近百分之七十五的員工是不投入的員工。可以用以下幾種方法區分並有效管理這三類員工。

一、對投入員工的情感激勵

這類員工每天都運用自己的才能和天賦持續展現高績效；具有自發的創新能力與效率追求；懂得積極建立合作、支持的關係；很清楚自己應達成的成果；對工作有感情；視達成目標為挑戰；充滿活力與熱忱；積極主動地尋找或創造有意義的工作，從來不會沒有事做，拓展自己所做的工作，並對未來有展望的；充分投入工作，認真扮演自己的角色。

針對這類員工，領導者應該積極持續地提供意見和反饋，使他們知道如何運用自己的長處；為他們清除障礙，使其充分發揮；關切他們的成功與發展，建立對企業的依賴，針對員工之長，提供更具挑戰性的工作；讓他們自行擬定應達成的成果，給他們實施策略的建議，並指示各階段應達成的進展。

二、對不投入員工的情感激勵

這類員工只能達到基本要求；心中存有疑慮，或是缺乏信心；不願迎接挑戰，不願承擔高風險；缺乏成就感；對自己所扮演的角色並非積極投入；坦誠抒發負面看法。

針對這類員工，領導者應該鼓勵其向投入員工看齊。使其明確對每個角色的要求和成果指標；讓員工擔任更適合其天賦的新角色；評價時應只看績效，而非針對個人印象的好壞。

三、對非常不投入的員工的情感激勵

這類員工從一開始便採取抗拒的態度；無法受人依賴；抱有「獨善其身」的想法；沒有將問題變成解決方案的能力；對公司、工作團隊及自己扮演的角色缺乏投入；很孤立；不坦誠地說出負面看法，但卻公然或私下表現出挫折、沮喪與不滿情緒。

針對這類員工，領導者應該扮演的角色是：儘早發現問題，並只和當事人討論該如何解決問題；使用直接、坦誠的語言交流，避免含糊不清；幫助員工認識將問題變成解決方案的重要性；誠實面對自己的問題員工，審視這個工作是否符合他的天賦並找出適合的角色；多討論應達成的目標而非步驟和方法；給員工自由發揮的空間，容易建立起信賴感。

身為領導者，如果你懂得瞭解、欣賞、運用不同員工的不同天賦，使其對公司、工作團隊及職務角色產生強烈的認同，人才欠缺和人才流失問題就可迎刃而解。

情感需要不能忽視。對每一個員工而言，除了基本的物質需要外，還有獲得情感的關懷和激勵的需要。鬥志激昂的員工更喜歡迎接挑戰。如果企業能不斷地提出高標準的目標，他們的潛能就會不斷地釋放。美國一位管理顧問克雷格說：**「設立高期望值能為那些富有挑戰精神的賢能之士提供更多機會。激勵人才的關鍵是不斷提高要求，為他們提供新的成功機會。」**

許多員工並不完全瞭解自身的實力，領導者必須引導他們去發現自身的潛力，否則他們將難以得到發展。作為企業領導要學會向員工傳遞你對他們的高期望值的資訊。在實踐中應掌握以下主要途徑：

1 為員工提供一項比較棘手的工作任務，設立一個具有挑戰性的目標；

2 提供一份比較詳細而又準確的，關於員工的工作業績方面的反饋資料；

3 傾聽員工心聲，並給他們足夠的表達自己的想法和建議的時間；

4 適度地表揚員工付出的努力和獲得的成功，並表示他的成功是意料之中的結果；

5 讓員工自己解決困難，以顯示領導者對他的信任；

6 向員工佈置一些需要技巧和獨立判斷的工作任務。

對員工進行情感管理，往往會取得比較好的效果。因為東方人，尤其是我國的員工，做什麼事時都有一些不成文的規矩，包括講究人情味，員工們從心底裏都追求一種和睦的類似於大家庭式的管理，不太喜歡歐美式的那種說一不二的純公務式的管理方式。

在這方面做的比較好的典範，當屬日本松下集團的創始人松下幸之助。

松下幸之助經常給員工提出一種相當現實的奮鬥目標，使公司的員工在勞動和工作中有方向。例如：在長期工作的協定中規定，在一九六六年至一九七一年的五年間，工資增長一倍；與此同時，又提出了「生產率倍增計劃」，這兩個相對應的規定，大大刺激了員工的工作積極性。這些規定後來都實現了，從這裡可以看出，松下把工作者的物質福利和整個公司的生產成果緊緊地連結在一起，讓工作者關心並看得見自己的工作成果。

另外，松下公司實行獎金制度，在每年七月和十二月份兩個月兌現。獎金金額多少取決於企業生產經營的好壞，這就使得每個員工都關心自己企業的經營活動和生產活動。

一九六〇年一月，松下幸之助在經營方針發表會上說：「五年內，將實行周休二日，每日工作時間八小時。」按照這一預定方針，松下公司於一九六五年四月果然在日本最先實行了這個制度。值得一提的是，這個制度在實行前花了五年的準備時間。儘管這樣必然會增大員工的工作量，但卻實現了「周休二日」計劃，讓員工感到自己期望的目標在一定程度上得到了實現，心理上有一種滿足感，主動性和積極性就會隨之提高。

作為領導者，必須用嶄新的眼光來看待員工的情感，用科學合理的方法經營員工的情感，才能最大限度地挖掘員工的潛力和調動他們的積極性，為企業創造出空前的價值。

〔第十一堂課〕

豎起信任的拇指

小時候，我們以「勾勾手」表示共同去遵守一個約定，或者共同去保守一個秘密，在相互勾手的過程中，我們與夥伴結成忠誠的信任同伴。

現在，我們不需再以「勾勾手」來表示信任，但是，當領導人的仍然可以換一種形式來與員工結成相互信任的同伴。那就是，**你充滿信任地對員工伸出贊許的拇指，用信任鼓勵員工進步和創造價值。**

「人盡其才」是歐美國家企業的特點。他們的用人思想建築在尊重個人本位的文化思想基礎之上，從社會微觀上說，要憑個人的能力，這是基礎。在這之上，給人以相等的機會，進行公平競爭，競爭的結果是打破均衡。這種方式以個人競爭為動力，促進企業的發展，同時拉開社會收入、社會地位的差距。

「各得其所」是日本企業的特點，他們的用人思想建築在尊重集體榮譽的文化基礎之上，從社會微觀層次上說，社會給每個人均等的就業機會，就業後是年功序列制的隱性競爭，強調尊重職員的個性和特點，是共和共榮的集體主義，在分配上也有較強的平均主義色彩。無論歐美還是日本，都講究用人不疑、疑人不用。

作為領導者，當你面對員工的時候，以自己的真誠和人格魅力影響員工，對員工寄託真摯的信任，並且信而不疑。這樣，足可以讓員工放手大膽地行動，發揮其主觀能動性。一般來說，員工在感受到領導者信賴的時候，就會產生快樂和滿足的感覺，進而誘發出全力以赴的心情。這種效果，正是拇指管理的基本原則所追求的。

可以確切地說，對別人信而不疑的人，如果具備了能力和智慧，那麼被信賴的員工就很難產生「離心」的念頭。

但是，這種信賴需要是一種真誠的信賴，這種信賴要建立在善於擇人的基礎上。

山下俊彥原是一個普通的員工，他被提拔為松下分公司部長時只有三十九歲，後來又歷任要職並當了公司的董事。他的經營管理成績卓著，具有出眾才能而且對公司內部因循守舊等弊端看得準，又堅持改革。松下幸之助發現了他的才幹，認為他是松下家族中難得的傑出人才，在整個公司也是最優秀的「將才」。於是，松下幸之助不計門戶出身，力排眾議，破格起用山下俊彥。

一九七七年當山下俊彥年富力強時，就從一個名列第二十五位的董事，越過前面所有「老資格」的董事，直接晉升為總經理。山下俊彥當了總經理後，也頗有松下幸之助的風格。他重視有才幹的「少壯派」，親自破格提拔了二十二名具有戰略眼光、能力出眾的新董事。於是，松下電器公司的領導層力量，便在短短的幾年之內得到了空前的加強。人才是企業的活力和生命。在山下俊彥當總經理的第二年（一九七八年），該公司的經營狀況從原來的「守勢」經營，很快變為積極進攻的態勢。

最重要的一條：用人不疑，關鍵還在於「用」。信而不用，這種信就不是真信；需要指出的是，假信還不如不信。不信可以轉化成信，而假信就徹底喪失了再給予信任的可能。

領導者要善於運用各種方式來表達對員工的信賴。其中最主要的幾條是：

(1)製造隆重的舞臺氣氛，將最光榮最艱巨的任務交給值得信任的員工，以表示對他的最大信任。

(2)在聽到別人對員工的不公正非議時，當即嚴正地予以駁斥，以間接表達對員工的信任。

(3)員工受挫折後，敢於繼續委以重任。

(4)對從競爭對手投靠過來的員工，同樣敢於大膽委以重任。

(5)與員工討論工作方案，只要覺得員工的提議同樣可行，就優先啟用員工的提議。

信賴的方式有多種多樣，以上只是典型的幾種。

信任員工，實際上也是對員工的愛護和支持。所謂「木秀於林，風必摧之」，那些處於要害部門比如生產、銷售、研發等部門的員工，容易受到其他人的非議。在這種狀態下，領導者尤其要表達其完全的信任，切不可輕易動搖對他們的信任。

〔第十二堂課〕高薪高能高績效

理想的薪資有三個目的：

(1)提供具有市場競爭力的薪資，才能吸引有才能的人。
(2)確保公司內部的公平，讓員工知道公司保證員工的同工同酬。

(3)獎勵優良的工作業績，利用金錢獎賞以達到激勵員工的目的。

金錢雖不是萬能的，但沒有金錢的激勵是萬萬不能的。保持有競爭力的薪資好處多多。

較高的報酬就會帶來更高的滿意度。為人才提供有競爭力的薪資，就會使他們能夠感到自己的價值得到了公司的承認，一進公司大門就珍惜這份工作，竭盡全力，把自己的才能全部貢獻給公司。這一點對於那些在本行業領先的企業尤其重要。

森達集團以前只不過是位於江蘇一個並不富裕地區的小企業，但為什麼不過十幾年的時間就創造了一個龐大的「森達帝國」，擊敗了許多原來名聲顯赫的國有企業，成為中國皮鞋第一品牌呢？就是因為兩個字：人才！

森達總裁朱湘桂偶然得知，臺灣著名的女鞋設計師蔡科鍾先生蒞臨上海，並有在大陸謀求發展的意向。他得到這個資訊後十分高興，決定效仿當年劉皇叔三顧茅廬的做法，第二天即趕赴上海。經過促膝長談和多方瞭解，他確信蔡先生是不可多得的人才，打算聘用。但蔡科鍾要求年薪不少於三百萬元。朱湘桂儘管有足夠的心理準備，還是吃了一驚，聘用一個人，年薪三百萬元！值得嗎？經過深思熟慮，他做出了決定：聘用！

蔡科鍾上任後，以其深厚的技術功底、創新的思維和對世界鞋業流行趨勢的敏銳感覺，把義大利、港臺和中國內地女鞋融為一體，當年就開發出一百二十多個品種的女皮鞋、女涼鞋和高檔女鞋。這些式樣各異的產品一投入市場，立刻成為顧客爭相購買的「熱貨」。

有競爭力的薪資，會讓企業員工自覺地保持工作熱情和積極性，並且能夠增強員工內心的公平感和滿意度，是一種較為合理的薪資制度。「先增加利潤重要還是先提高工資重要」，對現代公司來說「先提高工資重要」。即使暫時困難，也要勇於克服，道路終會暢通。從另一個角度講，提高工資就會使經營者抱定「背水一戰」的決心，不達目的決不罷休。

員工都喜歡「收入越多越好，工作越少越好」，並且收入越多，收入的邊際效用越低；工作越多，工作的邊際成本反而越高。從這些簡單的假定中，一名合格的領導者應該至少可以讀出薪資激勵的三種涵義：一是薪資水平必須隨著工作量的增加而遞增；二是收入越高激勵成本也就越高；三是確定的收入和不確定的風險收入不是等價的，承擔風險越大的人需要得到的補償越多。

員工的心理其實非常複雜，當所得的比預期的多時，他們會非常高興，而當失去的比預期的多時就會非常憤怒痛苦，關鍵在於這兩種情緒是不對稱的，人們在失去某物時憤怒痛苦的程度，遠遠超過得到某物時高興的程度。

如果某個位置空缺，領導者可以先給職員一個代理職務，如果不合適還可以隨時撤換，但如果是正式任命，想換掉就要頗費心思了。同樣，在制定薪資制度時，收入波動較大的企業如果想要把浮動的收入變成固定的收入，也一定要有謹慎的考慮，否則當業務進展不順利時，再想把固定收入降下來就會非常困難，企業在這方面的靈活性就會受到限制。人們最在乎的是自己已經得到的東西，而且佔有的時間越長，失去時的痛苦就越大。

因此運用薪資激勵，有一個很難把握的尺度，員工對薪資的期望是只升不降，如果一個公司所有的員工都是如此，那麼公司的人力成本就會越來越高。

一般來說，企業如果想對某人形成強烈刺激，採用處罰的辦法要比獎勵的辦法更有見效；如果決定採用升職、加薪等獎勵的辦法，在做出這種決策時務必要特別謹慎。

〔第十三堂課〕每個員工都是公司的股東

股權激勵有三種表現形式，首推員工持股，其次是股票期權，第三是利潤共用。員工持股的激勵力度大於其他報酬形式，因為它回報期長、回報具有不確定性、有足夠的傾斜力度。在國外，從二十世紀八〇年代開始企業員工持股便已經開始普遍推廣。美國職工所有制中心曾經對四十五家實行了職工持股的公司和二二五家沒有實行職工持股的公司進行了一次比較調查。調查結果表示，推行職工持股並允許職工參與管理的公司，一般比沒有實行職工持股的公司的增長率高出百分之八～百分之十一。

另一項調查表示，對職工擁有公司百分之十以上股權的公司進行投資，收益要比一般投資的平均收益高出一倍以上。據統計，在美國，十多年來，推行職工持股制度的企業比一般企業的銷售額增長的幅度高出百分之四十六；生產率的增長比一般企業高出百分之五十二。

但是，並不是所有實行員工持股的公司都表現良好。一些公司的情況很糟，甚至到了破產的邊緣。所以員工持股並不等於就是給企業吃了長命丸。

拇指管理思想認為，員工持股激勵要遵循三大原則：

(1)必須要有嚴格和規範的績效考核制度。

(2)必須有配套的約束機制。

(3)必須有足夠的傾斜力度，即堅定不移地向那些為公司創造價值的部門和員工傾斜。

另外，對於持股的條件和員工持股的數量都需要認真考慮。

股權激勵的第二種形式是股票期權激勵。

人才對企業的發展有著至關重要的作用，尤其是高級的管理人才與科技人才更是如此。激勵這些高級員工，增強他們對企業的忠誠度，使他們保持長期有效的工作熱情就顯得尤其重要。

被稱為人才「金手銬」的股票期權制，正是為了激勵高級管理員工的需要而出現的一種管理方案，它使這些員工的個人利益與企業整體利益結成一體，保證了激勵作用的長期性。實施股票期權制，一方面滿足了員工的公平感和當家作主的主人翁精神需要，另一方面增強了「患難與共」的共同體意識，而且增進了企業的凝聚力。

讓我們來看看ＩＢＭ是如何運用「金手銬」的。ＩＢＭ的管理者很早就認識到：一些優秀員工可以利用股票期權制，以現在的價格購買股票，在將來獲利。為了達到留住人才的目的，ＩＢＭ也對股票期權附加了限制條件。它的做法是規定在期權授予後一年之內，人才不得行使該期權，第二年到第四年(期權持續期通常為十年)，可以部分行使。這樣，當人才在上述限制期間內離開公司，則會喪失剩餘的期權，這就發揮了所謂的「金手銬」作用。

股票期權制一方面可以滿足高層管理人員高薪資的需求，使其獲得公平感和當家作主的主人翁精神；另一方面也可使高層管理人員能夠長期地保持這種激勵狀態，忠實於企業。

考慮到股票期權不能平等地授予所有人，應根據不同情況，給予不同待遇。ＩＢＭ中，只有百分之十的人才能夠得到股票期權，給予股票期權並不是按照等級順序，而是給予有出色才能的人。ＩＢＭ亞太區員工五萬人中，只有三百人算高層管理人員，其中有百分之二十五將得不到期權。為了留住人才，將對不太富裕的人給予更高的期權。具有最高潛能和最低持有權力的高級經理，獲得較高的期權授予，對於已經實現職業潛能和具有較高持有權力的高級經理，給予較低的期權授予或不授予。

ＩＢＭ更關注未來領導者，也會給那些中層經理和專業技術人才以一定的期權。

如果公司現在決定給某人一千股期權，每股定價一百美元，執行期十年，分四年、每年二百五十股給予授予人。第一年後，持有人便有二百五十股實現能力，但還有七百五十股期權不能動用，如果這時市場股價升至二百美元，公司對持有人的實現能力控制就是七千五百美元，如果持有人這時離開公司，將失去七萬五千美元的未來收益。在ＩＢＭ，股票期權佔總報酬的百分之三十～百分之八十。

與ＩＢＭ相同，思科公司也實行股票期權。該公司每年都要拿出佔流通股票總數百分之四點七五的股票期權來對員工進行獎勵。有資格得到期權獎勵的員工，得到的期權數是和公司的總體水平一致的。公司先根據公司的總體水平為每位經理分配一個期權獎勵基金，其額度取決於他所在單位的員工人數和有資格得到的期權獎勵數量。

然後，個人從這個基金中能夠得到的期權數量，圍繞著他所在崗位的目標獎勵數量，在一定範圍內浮動，最高可以達到目標數的百分之二百。經理們在他們的責任範圍內，有權力對這些期權進行分配，前提是要保持實際分配數量和可分配數量之間的平衡。在每個年度，大約有百分之十的員工不能得到期權獎勵，這就要求經理們嚴格評估每個員工的績效結果。

為了對卓越績效進行鼓勵和獎勵，這些薪資計劃給思科公司的各個單位賦予了相當大的靈活性。正如思科公司效能部主管約翰．拉德福德所說：「這項工作給員工們傳遞了正確的資訊，也使他們從公司的成功中看到了自己的風險和利益。現在，員工們感到自己是企業的主人，他們也確實在像主人一樣做事。」

至於股權激勵的第三種形式：利潤共用，是說公司將部分淨利分配給員工。但這裡所指的利潤有特殊要求，它不是經由調整價格取得的利潤，而必須是提高工作效率、降低成本獲得的利潤。其目的仍在於激勵員工努力工作，為公司創造更多的價值，而後共同分享，其操作起來比前兩種形式更加困難。

〔第十四堂課〕是優秀就晉升

公司領導者將員工從現有職位提拔到新的較高的職位，同時賦予他相對的權力和責任就是升職。對員工的升職是領導者激勵人才的一項重要措施。

對於公司的發展而言，提拔員工是保證公司的發展後繼有人。從員工的成長和前途來說，升職，既意味著自己的能力和努力得到認可，同時也意味著個人的前途、薪水有著比升職前更加好的境地。

領導者在給員工升職時應當遵循兩個原則。

第一，這個員工要稱職。堅持這個原則可以避免任人惟親，可以做到量才任職。

第二，升職員工要適時。對於確有較高才能的員工，應該及時地把他提拔到更為關鍵的職位上來，讓他得以儘早地、充分地發揮才能，得到成長的機會。有了優秀的人才而遲遲不重用，不僅對事業和員工無益，而且也留不住那些真正有才能的人。

拇指管理思想認為，一個人在一定的職位上有能力發揮長才，他在這個職位上若達到了飽和之後，就很難再有增加才能的機會。身為領導者，要加強考察，研究部屬在能力飽和上已經發展到哪個部位了。

一方面，對現有「位置」上已經鍛鍊成熟的員工，要讓他們承擔難度更大的工作或及時提拔到上級「位置」上來，為他們提供新的用武之地。對一些特別優秀的員工，要採取「小步快跑」和破格提拔的形式使他們施展才華。

另一方面，對經過一段時間的證明，不適應現有「位置」鍛鍊的幹部要及時調整到下一個「位置」去「補課」，如果我們在「位置」問題上魚目混珠，良莠不分，在時間上搞「平均主義」，必然埋沒甚至摧殘人才。如果該提升的沒有提升，不該提升的卻提升了，那就糟了。

只要我們在位置問題上堅持實事求是，按照人才成長的規律去做，就一定能夠造就一批又一批的優秀人才。

提拔和重用部屬的基本方式有兩種。

一種是「階梯式」，從基層工作做起，一步一步、一個台階一個台階地逐漸提拔到較高的職位。

另一種是「跳躍式」，即躍過一系列通常的環節，從某一較低的職位直接提拔到某一個較高的職位。這兩種方式各有長處和短處，要根據工作的需要加以靈活運用。

但是提拔人才也是要講究實事求是，要遵循一定的規律，千萬不要超出一定的限度，任意拔高。

在這個基礎上，領導者就可以根據一定的標準，將有能力的員工提拔上來。一般有能力的員工常表現出以下幾個方面的特徵。

一、有強烈的負責任的慾望。始終抱持著發現問題、研究問題、解決問題的積極態度來工作，而不是抱持著「多一事不如少一事」的袖手旁觀的態度。

二、辦事幹練。對這種人不論出身，要敢於任用。而且寧願任用有缺點的能人，也不要任用沒有缺點的庸人。

三、具有優秀的管理能力。可以帶領一個團隊勝利完成任務，既不獨自操刀，也不袖手旁觀，而是與其他人一起合力將工作完成。

四、有著良好的人際關係。相對於其他員工，既不高高在上，也不是一味附和，在一片祥和的氣氛中，分明可以感覺到他的個性。

五、幹勁十足。既知道怎麼去完成任務，達到目標，又能夠熱情飽滿，從始至終，不鬆懈。

拇指管理思想認為，作為現代公司的領導者，要善於發現人才，把他提升到合適的職位上來。採用升職激勵方法可使公司的領導者變得更加完美無缺，使用能力非凡的員工，將使他與公司領導者之間發生有益的互補共振效應，產生思想互補、個性互補、見識互補，從而極大地提高和增強領導者的實力，使本來並非十全十美的領導者，無形之中變成一個神通廣大，無所不能的完人。這些做法非常有利於提升領導者的形象。

〔第十五堂課〕

引導員工自我激勵

拇指管理思想在要求領導者積極去行動，透過參與員工工作的基礎上實行領導的同時，還要員工們要有做自己工作職位上領導的意識，最佳的狀態是員工能夠自我激勵，成就更高的自我。如果員工能夠意識到自身的潛能，同時領導者給予合適的工作和發展機會，那麼員工必然會在工作中自我激勵，工作積極性和熱情將會成倍提高。

幾年前，美國一家美容業營銷公司亞太地區的主管發現：他在北京地區的首席代表改變了他的工作態度。這位首席代表曾是最傑出的經銷代表之一，但逐漸對工作失去熱忱，甚至索性連銷售會議也不參加。主管知道這是對公司不利的，他要重新點燃北京地區首席代表的工作熱情，於是就打電話給他，問他是否可以在下一次亞太地區銷售總結會上發言。因為他曾在市場開拓和爭取訂貨方面做得非常出色。主管建議他在會議上談談對訂貨問題的看法，而這方面的問題是他目前最大的困難。

在亞太地區銷售總結會上，這位代表主動研究了他在訂貨方面的「困難地帶」，重新探討了過去他曾運用過的幾個成功的原則和技巧。主管大為驚喜，其他經銷商也極為振奮。更重要的是，他自己也得到一種激勵，激發了對工作的興趣、熱情和信心。此後，他的業績也隨之不斷上升。主管讓這位北京地區的首席代表成功地實現了自我激勵。

遇到員工業績不佳，切不可簡單粗暴地處理，而應控制自己，多想一想激勵的辦法，切不可亂加批評、指責。心理學研究表明，人們的工作熱情不可避免地存在一定的周期性。

當員工情緒處於低潮的時候，透過激勵讓他恢復到過去的種種輝煌經歷中，是一種美妙的感受。人人都會有一段令自己最為驕傲的時刻，因為他的成績在那時得到了精神上的承認。

引導員工自我激勵，必須確切瞭解員工的需要以及滿足需要的手段，使員工心甘情願地努力工作，進而發揮更高的效率和水平。人的潛力往往會大大超過表面的狀況，正確有效地引導員工實現自我激勵，常會產生意想不到的奇蹟。

在傳統的習慣做法中，領導者工作的重點大都放在對工作過程的控制上，用規章、制度、計劃等各種措施使人們自覺地進入工作程序。但領導者的激勵措施，如動員、表揚、獎勵等卻大多在工作以外，並不包括在調整、變換工作本身的內容中。而在實際生活中，工作本身對任何人的作用都是十分重要的。杜拉克就認為，工作是一個人個性的擴展，它是一個人用來確定他自己，衡量他自己的價值和人性的一種方法。這是很有道理的。

在這裡轉述一下美國阿吉里思的「不成熟—成熟」理論，並結合他的理論進行一些分析，或許能給我們某些新的啟示。

阿吉里思認為，傳統上的公司組織狀況造成了這樣一種工作環境：

一是領導者決定一切，職員無權過問；

二是職員處於依賴、被動和從屬地位；

三是職員只有短期眼光，沒有長遠打算；

四是職員只有相對簡單的技能；

五是工作條件使職員產生心理障礙。

在這種情況下，一個以嬰兒方式努力工作的人會被重視，但稍有一些積極主動性的人都會覺得受不了，嚴重的時候，他會感覺到自己是一個受人擺布的木偶而已，因此很難對工作有熱忱。

明白了這一點，身為領導者如果要去指揮那些有專業特長的人，則應當表現出謙虛的樣子，要對他們說：「雖然我不是專家，但是有你們的幫助我肯定能夠成功」之類的話。而對那種自信心過強、過於固執己見的員工，最好採取「懷柔政策」。當員工的自尊心得到了滿足後，他們就會產生優越感，發揮出最大的潛力。

你還可以明確對員工的期望來引導員工自我激勵，你的期望對員工的積極程度有很重要的影響。員工需要知道你腦子裏在想些什麼，以及你對他們的期望值。期望並不是單純地指完成重大的工作目標，它和每天的日常工作相關。

讚揚能使人勤奮工作，但在表揚和稱讚時，一定要根據每一個具體的人來選擇話語，這樣效果才能更好。每一個人都有自尊心，領導者在表揚或稱讚員工時，如果讓員工的自尊心得到滿足，那就可以達到引導他們自我激勵去努力工作的效果。

為了能滿足員工的自尊心，你在必要的時候可以故意表現出自己的疏忽，讓員工來提醒自己，這樣他們就會產生一種自己很能幹的優越感。領導者應該掌握「懷柔政策」，也就是以耐心親切的態度去感化那些頑固的員工。

領導者還要以透過為員工靈活設計職業生涯來引導員工自我激勵。

你可以告訴員工：一個人一生的時間和精力是十分寶貴的，所以必須有效的安排。制定良好的職業生涯計劃才能有所作為。

必要時，可以透過培訓的方式幫助員工走上發展之路，以此激勵員工。

美國管理學大師托馬斯．彼得斯指出，企業或事業唯一真正的資源是人，管理就是充分開發人力資源以做好工作。人才的培訓以及不斷的再培訓必須列入各企業和整個國家頭等重要的議事日程。

另一位管理大師杜拉克指出，現代企業不僅是「學習型組織」，更應該是「教學型組織」，只要讓員工樂於學習，樂於彼此間的經驗與技術交流，員工就會心情舒暢，就會真正願意融入企業文化。R．康特教授指出，今天的企業應該「靠訓練建立信任，用信任取代考核」。

由此可見，培訓在激勵員工時有重要作用，它可以滿足員工自我挑戰和發展的需要。許多專家指出，當今時代，以企業為中心的契約方式已經開始被打破，而新的契約是以個人的知識承諾為中心的。新世紀的年輕人才，看重的不僅僅是更高的待遇，更注重的是自身才能的發揮和價值的實現。培訓可以擴展員工價值，提高公司組織績效。留住員工，不是把他們的腿綁在椅子上，而是要為他們插上騰飛的翅膀，要靠職業培訓所起的激勵作用留住人才。培訓與發展意味著透過有計劃、有組織的學習過程，使員工的知識、技能、態度乃至於行為發生改進，從而使其發揮最大的潛力，以提高工作績效。透過培訓，可以使員工為承擔更多的工作和更大的責任做好準備。

每個企業都有自己的目標與價值觀。真正的管理，不是強行用各種嚴厲的禁止遲到早退的紀律來管住自己的成員，而是以共同的價值觀、共同的追求來培訓他們。培訓的目的，不僅在於使員工學會所從事的工作或更高工作的技能，還在於使員工體會到企業對個人的關心，使人才接受公司組織的價值觀，培訓個人與公司組織休戚與共的情感，使人才最終具有對公司的忠誠精神。

培訓不僅可以產生引導員工自我激勵的作用，同時，還有其他的好處。

日立公司自創立以來就極為重視人才的培養，除了在職培訓以外，還給每個員工進修機會，以促使他們不斷地進行自我啟發。此外，日立公司還建立了脫產培訓的教育體系。

日立公司的日立綜合經營研修所，作為企業內經營學校而聞名，是專門接受事業所長、部長、課長進修的。該經營研修所的教師，由日立公司常務以上的董事擔任，公司經理每個月到研修所講兩次課。日立公司的領導者不僅是作為教師去講課，而且還討論該公司存在的特定問題。經由這種方式，將日立的經營哲學傳給未來的經營者候選人。

日立集團中的所有企業之所以能保持優秀的業績，正是因為日立總公司有充分的餘地派出優秀人才到這些企業擔任最高領導，經由培訓，日立可以說是成功地建立起了「人才的寶庫」，對公司的持續發展十分有利。

第四章

拇指提升領導力

全球化市場競爭的到來，
使得公司和領導者都特別關注對員工的激勵。
大家都知道，員工是企業最重要的資源，
對人力資源投入的程度和效果明顯影響著企業的競爭力。
因此，有人說，現今最激烈的競爭是人才的競爭。

若能使員工皆有歸屬之心，這種精神力量將勝於一切，只有靠全體員工的徹底向心力，以企業的盛衰為己任，才能使企業臻於成功之境。

全球化市場競爭的到來，使得公司和領導者都特別關注對員工的激勵。大家都知道，員工是企業最重要的資源，對人力資源投入的程度和效果明顯影響著企業的競爭力。因此，有人說，現今最激烈的競爭是人才的競爭。

一個公司單單地只靠一個領導人去指揮，肯定會因為不能適應環境而遭到淘汰的。

而對人才爭奪戰越演越烈的形勢，一些有預見性的人逐漸意識到：光有對人力資源與公司的發展成正比的投入還顯得不夠，想領先的公司還必須有其他的手段來應對競爭者對人力資源的大投入。如果領先的公司不能保證人力資源的優勢，理論上來說，他就會有被超越的危險。

為此，關於公司對人的有效激勵，人們更多地是關注對員工的直接激勵——這肯定是重要的。而公司的整體的激勵機制，人們關注得比較少，但這往往更帶有決定性的意義。

領導若掌握了合理授權的拇指管理方法，就可以鼓勵員工參與公司的管理，儘量避免不授權帶來的消極問題。

〔第十六堂課〕

一根拇指不成氣候

現代企業發展的速度飛快，日常管理工作千頭萬緒，完全靠領導一個人，縱使二十四小時全天候地不休息，他也忙不過來。所以，領導者自己不必事事都親自去做，部屬可以完成的事情就交給部屬去完成，是公司實現成長的必要手段。就像我們常說的，一個人縱使渾身是鐵，他又能打幾根釘呢？

管理上，光靠領導一個人，那麼這個人遲早會支撐不下去。想當年三國爭雄的時候，劉備死後，蜀國的諸葛亮一人總攬大權，軍事、政事、民事，甚至連後勤、民政這樣的小事，他也要親自過問，結果呢？他累得受不了，生了病。生了病，有些事就不得不放手讓部屬去做，可是，因為部屬一直以來都適應了跟著諸葛亮做事，真要一人獨立去做事，他們無不像是扶不起的阿斗。最後，諸葛亮去世後，蜀國無人有能力繼續苦撐下去，這時，蜀國滅亡也是情理之中的事。

我們說，一根拇指不成氣候，是針對授權的必要性來說的。如果不實行授權管理，那麼手指中只有拇指一根參與行動，其效果之差可想而知。

首先來談談什麼是授權。所謂授權，就是經由別人來完成工作的一種管理方法。

為什麼要授權呢？現代企業，授權是貫徹分層領導原則的需要，只有授權，才能實現科學的領導。在任何企業，都有許多項事務需要處理。情況緊急的事，需要當機立斷地去處理。事關長久的事，需要認認真真籌劃。日常事務，需要人去操心維持。作為領導者，全面管理這些事的結果是什麼事也辦不好，而只有授權才可以使整個企業各個部門有機動協調，高效運作。

《史記》裏面記載的劉邦和韓信的一段精彩對話，頗能說明授權的重要性。

上(指劉邦)問曰：「如我能將幾何？」

信(指韓信)曰：「陛下不過能將十萬。」

上曰：「於君如何？」

信曰：「臣多多而益善耳。」

上笑曰：「多多益善，何為為我擒？」

信曰：「陛下不能將兵，而善將將，此乃信之所以為陛下擒也。」

意思是說漢高祖能贏得天下，全在「將將」二字，「將將」二字，就是知人善任的意思。知人是善任的前提，善任是知人的目的。領導作為公司的一把手，不僅要有知人之明，還要有善任之能。而所謂善任，其實就是授權的藝術。

同時，授權也是領導者抓大事管全局的需要。領導者要有全局觀念和戰略眼光，任何時候，大事面前不糊塗。「議大事、懂全局、管本行」，這是一切領導幹部在工作中應該遵循的一條原則。能不能分清和正確處理大事與小事、有無勇氣大膽授權，是領導工作有無成效或者成效大小的關鍵所在。拇指管理思想認為，授權可以使領導者集中精力思考大事，同時，也可以將大事分成若干個小事，再由若干個級別的拇指領導，合力共同完成。

企業內外的事務多，而領導者的工作時間少，就會出現矛盾。有效授權正好可以解決這一問題。

另外，授權可以充分調動部屬的積極性。隨著現代化生產的發展，被管理的越來越不是小生產式的體力勞動者，而是具有現代科學文化知識的腦力勞動者了。體力勞動可以按照簡單命令行事，勞動效果也容易考核。而腦力勞動者就不同了，主要是運用知識和智力，這些人的積極性不是靠簡單的命令就可以調動的。

每個人都有較強的權力慾，每個人都渴望擁有一定的權力。現代企業人力資源管理思想重視員工分享權力的需要，滿足腦力勞動者的權力佔有慾望，以此激發公司員工的主人翁意識和對公司的認同感與歸屬感。

授權是一種調動部屬積極性的有效方法。如果部屬有能力去執行任務，領導者應賦予他們一定的權力，不干預或牽制他們的行動。只有這樣，領導者才可以充分調動部屬的積極性、發揮部屬的才能，才有利於工作目標的完成。

對於一般的十人以下的小公司，只要掌握上面的授權的知識並且付諸實踐，就可以適應公司高效運轉的需要。但是，要管理好稍微大一點的或者更大的公司，你就需要在上面的基礎上加上一些東西。起碼，你要讓你的部屬成長起來，去接替你的任務，完成你曾經恪守的職責。

只有這樣，你才可以著手向更高一層邁進，否則，公司要想實現發展壯大，將會遭遇人才危機的阻擊。你要做到的是，讓你的一些部屬成長起來，成為獨當一面的拇指。

【第十七堂課】領導者拇指帶動部屬的拇指

領導者拇指帶動部屬的拇指，說的是領導者透過授權使某些能幹的部屬也能成為一個獨當一面的人物，掌握拇指管理思想，幫助領導者共同管理公司，使整個公司擁有人力資源上的優勢。

在對員工實行授權時，管理人員經常可以遇上這樣的問題：同樣是部屬，都去參加了授權培訓，並討論了每個人的許可權，以及作為管理者的你對他們的期望，然而事情卻變得一團糟。有三個員工真正理解了，這不用你為他們擔心了；另外兩個喜歡自作主張，經常越權，你得把他們攔回來；其他的六、七個看起來主動性增加了一些，但起色不大；還有一位就別提了，他至少有兩次和從前一樣到你的辦公室來求助。你可能真不知道問題到底出在哪裡，該如何去做才恰當。其實問題很簡單，不妨從自己的管理上找找原因。許多組織章程、管理條例、培訓課程看起來好像適用於所有的員工，但實際上，沒有哪一種都能做到的。

外國有句諺語就是這麼說的：「世上沒有完全相同的兩片樹葉。」還有一句話是說：「這個美味佳餚可能是另外一個人的穿腸毒藥。」員工彼此間不一樣，有的想要得到自主權，有的則需要你告訴他們怎麼做；有的喜歡冒險，有的則儘量躲避風險；有的喜歡舒適的工作環境勝過其他所有條件，有的則只想出人頭地；有的用工資水平高低來評價工作，有的則更願意考慮工作是否有前途，如此等等，不一而足。很多人在這個問題上不願作深層考慮，制定章程的人、設計課程的人包括管理者，都有一種把問題簡單化的直接需求。就授權而言，相對於其他辦法，培訓其實是一種最省力省成本的辦法，將一群人聚集在一起，發一批教材，請一兩個教師，集中抽出時間來上一段課程，看似迅速，實則無效，因為它無視員工的個性差異。

對於任何一位管理者，要做的第一件事就是把自己的員工看做獨立的個體，瞭解他們之間的區別，否則，就犯了一個最基本的錯誤。

貫徹拇指管理思想，讓部屬成為拇指型人物，領導者需要透過一系列的科學步驟，有意識地栽培部屬。

首先，要確定栽培的員工。

讓誰成為企業管理中的一根拇指，領導者首先要考慮將權力授權給誰才是最佳人選。

在做出決定之前，領導者必須考慮很多的因素，最基本的因素是：授權於員工，員工願意不願意接受領導者授予的權力。部屬對領導者授予的權力，並非都會欣然接受。遇到這種情況，領導者要知道人各有志，不可勉強。如果勉強授權，很難取得成效。

所選的人必須要經過精挑細選，被選中的員工應具備以下素質：有職業道德，善於靈活機智地完成任務，有自我開創能力及集體合作精神、敏銳的頭腦，最好要懂一點必要技術。

一般來說，以下七種人可以授權：

1 忠實執行上司命令的人。

2 知道自己許可權的人。

3 勇於承擔責任的人。

4 不是事事請示的人。

5 提供情報資訊給上司的人。

6 上司不在時能負起留守之責的人。

7 能夠隨時回答上司提問的人。

領導者下達的命令，無論如何都全力以赴、忠實執行的人是很好的授權者。當部屬的意見與其上司意見有出入時，這種人會陳述他的意見。如果陳述之後，上司仍然不接受，他就會服從上司的意見。如果部屬在自己的意見不被採納時，就抱著自暴自棄的態度去做事，這樣的人沒有資格授權給他。

知道自己許可權的人可以認清什麼事在自己的許可權之內，什麼事自己無權決定，他一般不會混淆這種界限。有效授權來源於有效溝通，開誠佈公和有效的溝通是成功授權所必需的。授權者的主要任務是確保被授權者完全理解任務，要把任務的目標解釋清楚，並強調你對最終期限及評估成果的期望。作為被授權者也要弄清個人自主權的範圍，如果覺得不夠，一開始就要爭取更多的自主權而不要等到太遲了才去爭取。

知道自己許可權的人一般表現為這樣：如果發生某種問題，而且又是被授權人自己許可權之外的事，他就不會拖拖拉拉，而是立即向上司請示；他從不會越過頂頭上司與上級領導直接交涉、協調，他知道這樣做等於把上司架空，也破壞了命令系統。

領導者要警惕的一點是不要讓那些削尖腦袋、投機鑽營的人騙取權力，以達到其不可告人的目的。

其次，要明確授權內容。必須明確哪些權力可以授予別人，哪些權力則不能。管理者的權力保留多少，要根據不同任務的性質、不同環境和形勢以及不同的部屬而定。一般情況下，管理者和決策者應保留以下幾種權力：重大事務決策權，人事任免權，監督的權力，獎懲權等。這些權力屬於領導者本人工作範圍內的職權，不能隨意授出。除此之外的其他權力，可視不同情況靈活掌握。

再次，選擇授權方式。有模糊授權、惰性授權、柔性授權等方式可供選擇。

模糊授權有明確的工作事項與職權範圍，領導者在必須達到的使命和目標方向上有明確的要求，但對怎樣實現目標並未做出要求，被授權者在實現的手段方面有很大的自由發展空間和創造餘地。惰性授權，其特點是領導者和決策者由於不願意多管瑣碎紛繁的事務，或自己也不知道該如何處理，於是就交給部下處理。如迪拉德百貨集團的執行副總裁亞歷克斯・迪拉德深知：一名分店經理比公司總部的任何主管都更瞭解自己店裏的情況。在他親自走訪了二百三十個分店之後，他更加堅信，各店的經理最知道如何擺放店內貨物的位置，貨物怎樣陳列才容易售出，絕不能盲目地按照總部的指示去做。放開分店經理們的手腳，按照他們自己的意圖去做，這就是迪拉德的管理訣竅。

因此，他一直是這家持續營利的公司的優秀領導者。柔性授權，其特點是領導者對被授權者不做具體工作的指派，僅指示一個大綱或者輪廓，被授權者有很大的餘地做因地、因時、因人的機動處理。總部設在亞特蘭大市的卡爾頓公司專營飯店業，公司的每一位員工都可以自行動用最高達二千美元的經費，用於做他們認為有必要做的事情，或是當場解決客戶的問題，公司從不過問錢的去向。這就是典型的柔性授權實例。

在這一系列的工作完成之後，領導者就能初步掌握了有效授權的方法。將來企業的發展離不開初步選中的這些人，等到這些人隨著企業一同成長後，他們就是未來的企業的大拇指。

〔第十八堂課〕大肚量才會有大拇指

拇指管理思想對領導者自身有許多的要求，其中，要求領導者寬宏大量佔有很重要的部分。惟有寬宏大量，才不會吝嗇讚揚部屬。惟有寬宏大量，才能認真參與員工的工作。同樣惟有寬宏大量，才可以大膽授權，實現有效授權。

實現有效授權的最大障礙仍然在領導者自身的肚量上。要克服這些障礙，領導者首先要瞭解它們。

障礙一：不信任員工。

作為一位領導者，很多時候會表現出一副很信任部屬的樣子。然而，在具體的工作中，領導者沒法不去過問部屬是如何開展工作的，甚至把一些關鍵的環節留給自己做。

障礙二：害怕失去對部屬的控制。

很多領導者之所以對授權特別敏感，是因為害怕失去對部屬的控制。一旦失控，後果很可能就無法預料了。不願授權的本身，就是恐懼的結果。但作為領導者要明白，不怕他人的人不認為有壓制他人的必要，征服了恐懼的人才能有效授權。

障礙三：過高強調自己在公司中的重要性。

領導者往往都很能幹，在很多時候領導者會產生，「什麼事情離開了我就不行」的錯覺。

障礙四：以為自己可以做得比別人好。

有些管理者寧可自己做得那麼辛苦，也不願意把工作交給部下。為什麼呢？他們認為，教會部下怎麼做，得花上好幾個小時；自己做的話，不到半小時就可以做好了。

障礙五：害怕削弱自己在公司中的地位。

這是許多管理者非常害怕的一件事情：如果把自己的權力授予別人的話，會不會因此影響自己對於公司的重要性，從而削弱自己在公司中的地位呢？

障礙六：喜歡與部下爭功。

作為一名管理者，在很多時候需要扮演「幕後支持者和策劃者」的角色，將很少有機會像從前一樣，站在前臺接受觀眾的歡呼。可是有些管理者覺得長久消失於眾人的目光之中會威脅到自己的地位。

在一次董事會上，廣告界的開山鼻祖奧格威爾在他的每位董事桌前放上了一個玩具娃娃。「這就代表你們自己，」他說，「請打開它看看。」當董事們打開玩具娃娃，發現裏面還有一個小一號的娃娃，再打開又是一個更小一號的娃娃……總共套了四個，最後一個娃娃上放著奧格威爾寫的字條：**「如果你永遠只錄用比你水平還低的人，我們的公司將淪為侏儒公司。相反，如果你錄用的人比你水平還高，我們的公司將會成長為巨人公司。」**

公司人事部在錄用員工和進行授權時，最讓人不能原諒的是拒絕聘用和任命那些超過自己的人。道理上任何人都會明白：如果錄用的人都是能力低下者，不正是在挖自己公司的牆腳嗎？但在實際生活中，無論是部門主管，還是一般員工，對聘用比自己能力強的人，心裏總是缺乏安全感。

聘用人員如此，在授權的時候，很多人同樣不願意授權給比自己強的人。由於領導者必須負責事務的成敗，因此除非有必要，他們都不太願意把權力交給部屬。這種恐懼心理的結果，便是領導者不願信任部屬，並聲稱：「我自己能做得更好。」同樣類推下去，由領導者任命的管理者，也不願意授權給他們的部屬，那麼整個公司的授權工作將不能實施。但是，一個公司，如果有任何一個部門的管理者因為害怕授權而產生的結果，便很可能要堵死其他部門的工作。因此，作為領導者和管理者要努力去克服自己不願授權的心理障礙，並且要以同樣的標準要求部屬，要他們確實做到授權有效。

不願授權會產生一種可怕的局面。如果不願授權的公司和那些做到了有效授權的公司競爭的話，兩者的最後勝負結局，很容易就可以看到。沒有有效授權的公司，因為其內部沒有形成有效結合，他們是在進行著一場少數幾個人對抗別人整個公司的戰爭。以少抗多，必敗無疑。

管理者不願授權的原因是多方面的，有的是本身缺乏自信，他們擔心屬下的表現會比自己更好，而且會危及自己的現有職位，對這種類型的管理者必須幫助他們建立信心。有些管理者迷戀自己的權力，不願把手中的權力授權出去，對於這些人，要使他們明白授權的必要性。還有些管理者一直在做著一種「假授權」遊戲，他們自認為已執行了授權的工作，但實際他們授予別人的只是部分職責，而不是權力。當然，也有的主管會分授少量的權力，用以處理一些較不重要的瑣事。但對於真正的權力，他們則握住不放，卻還一直奇怪，為什麼這樣的「授權」效果並不是很好。

另一種管理者是把權力分授給無法勝任工作的人，他們等著被授權人失敗後，名正言順地收回放開的權力。其實，這是失敗的管理。真正的授權當然是要找一個具有能力而又能行事負責的人，否則便是極差的管理了。

有這樣一個管理事例。部門主管湯姆·文森明白授權的重要性，他知道魯爾非常善於把辦公室中產生的技術運用到一個新系統中，於是就向他提議承擔這項工作。魯爾為能夠在這項新任務上發揮自己的專長而感到非常高興。

但是湯姆．文森又極為關注這項工作，他一直想知道魯爾工作中的細節，並且總是向他提出對下一步工作的建議。魯爾漸漸地感到自己不像是這件事的負責人，倒是更像個「打雜工」，因此感到十分沮喪。幾星期後，魯爾對湯姆．文森說：「我感到自己無法承擔這項工作，請你把這項任務收回去吧。」湯姆．文森雖然對魯爾很失望，但卻像失物重得似地很高興自己能夠重獲控制權。

像湯姆．文森這樣的授權工作，最終會使授權工作無法進行下去。下一次若還有事情要授權，身為受過傷害的魯爾肯定是不會再接手了。

因此，無論是領導者還是管理者，必須要有大肚量來開展授權工作。在具體授權工作時，一定要以下面一些原則來約束自己的授權行為。

一、責權相符。責權不相符，會給管理上造成很多漏洞。

二、授權要有層次。如果管理者有很多員工，並且這些員工之間存在著隸屬關係，那麼管理者在授權時，應該只對直接員工進行授權，讓直接員工對他們的員工進行第二次授權。如果管理者直接對所有的員工授權，勢必侵犯了直接員工的管理權力，這樣只會為直接授權員工增加麻煩，降低工作效率。

三、授權要完整。授權並不只是去告訴員工應該去做某某事情那麼簡單。任務、權力和責任應該有很明確的劃分和描述。為了做到授權完整，管理者在授權前，應該對這些問題進行認真考慮，在授權時儘量採用書面的方式，以防止溝通時出現誤差。另外，授權的過程也應該是管理者和員工討論的過程，只有這樣，才能真正讓員工明白自己的任務、責任和權力。

四、員工參與授權。如果讓員工參與到授權的討論過程中，授權的效率會更高。首先，只有員工本人對自己的能力最為瞭解，所以讓他們自己選擇工作任務，可能會更有好處；其次，在員工的參與過程中，員工會更好地理解自己的任務、責任和權力；第三，員工參與的過程，是一個主動的過程，對於自己主動選擇的工作，員工自然會盡全力將它做好。

五、授權要有控制。為了防止員工在工作中出現問題，對不同能力的員工要有不同的授權控制。能力較強的員工控制的可以少一些，能力較弱的員工控制力度可以大一些。控制並非想如何控制就如何控制，為了保證員工能夠正常工作，在進行授權時，就要明確控制點和控制方式，管理者只能夠採用事先確定的控制方式對控制點進行核查。當然，如果管理者發現員工的工作有明顯的誤差，可以隨時進行糾正，但這種例外的控制不應過於頻繁。

〔第十九堂課〕

透過授權來提升領導力

領導者在授權的同時，必須進行有效的指導和控制。

在將部屬放在某個工作崗位上或者交給他某一項任務時，領導者必須首先想到，根據完成這些工作任務的需要，應該授予部屬哪些權力，並且根據這些權力，進一步規定相對的職責和利益。除此之外，拇指管理思想要求領導者不妨再向部屬多問一句：「你還想得到哪些權力？」或許你這一問，就可以引出真正需要解決的問題，從而將它克服，只要部屬提的要求是合理的，就應該儘量予以滿足。

這種做法，有利於領導者穩妥有效地、充分地、有保障地授權，而惟有這樣的授權才可能幫助領導提升領導力。

作為一個領導者，你沒有必要獨自佔有權力，獨自佔有權力意味著承擔所有的責任。那是一種吃力不討好的事情，你可以與別人共同承擔權力和責任。

你不讓員工分擔責任，那麼，實際上你是在進行著一種面面俱到的家長式管理，這種管理方式與拇指管理思想中，強調領導者參與行動的主張是相悖的。在這種管理方式下工作的員工就像孩子一樣，不能面對困難。在某些緊急狀態下，員工們無法發揮機動性，他們只會等著領導者親自來解決問題。他們根據你的一貫作風，將問題留給你，他們只學會了這樣一句話：「等主管自己來吧，他是最棒的。我們就不要瞎折騰了。」

實際上，這等於領導人給員工正常的工作造成了一種障礙。你束縛住了他們的思想，不讓他們進行本該屬於他們自己的工作。換句話，你是花大把錢雇來一個大障礙擺在了自己前進的道路上。

在這種情況下，員工會四處閒逛，一心想著什麼時候該放假了，什麼時候自己能多得一些獎金，而不是想著怎樣改善工作方法，爭取更多的銷售額，更不是將單位產品的生產成本給降低下來。

授予部屬權力的方式，不是部屬要一點，領導者就給一點，或者領導者給一點，部屬接一點，而是由領導者與部屬共同研究、制定一整套科學合理的規章制度，將部屬需要的責、權、職規範化、制度化，只有這樣才能提升企業的領導力。

我們理想中的符合未來標準、可以順應將來發展的公司，應該是一家領導者能夠無為而治的公司：員工們可以自己做自己的工作，無人干預他們，而領導者可透過各種方式來對他們進行激勵。

但是，在我們周圍，卻有著太多的領導者管得過多的例子。

在向部屬劃定的權力範圍內，應該鼓勵部屬大膽用權，或者說，將上級制定的政策用夠。應該設法使每個部屬成為領導者的手的延伸、腳的延伸、眼的延伸、耳的延伸，同時成為腦的互補。力爭最大限度地發揮人才的群體優勢，使部屬擰成一股繩，隨領導者的指揮而發揮。

授權行為一經完成，領導者對部屬的行動計劃，就不要再橫加干涉。這時候，領導者唯一需要做的，就是對部屬實行適時的引導，並對部屬完成任務的情況進行最後核查。

為什麼有的領導者在授權之後，能對部屬實行有效的遙控，而有的領導者，在授權之後，卻失去了對部屬的控制呢？其中一個主要原因，就在於是否建立起健全的暢通無阻的資訊傳遞管道，能否對部屬及時進行必要的引導和核查，核查之後，是否給予部屬適當的獎懲。

所謂引導，應該是一種充滿民主氣氛的協商，而不是居高臨下的命令。既然領導者為部屬劃定了用權範圍，那麼，在這一劃定的用權範圍內，部屬就完全可以根據自己的判斷，來做出相對的管理決策。為此，領導者必須記住這一點：除非遇到部屬明顯脫離正常軌道的特殊情況，作為上級領導，一般不宜再向部屬下達強制性的命令。

糊塗的領導者只知道對優異的核查結果表示滿意，惟有精明的領導者，才知道應該首先對暢通無阻的核查管道表示滿意。因為只有暢通無阻的核查管道，才能確保提供真實的，而不是虛假的核查結果。

隨著部屬工作能力的逐漸提高，領導者將會發現，他向你請示工作的次數明顯的減少，但請示工作的質量（提出問題的深度和難度）卻越來越高，上下級之間配合也更加密切了。這說明授權已經發揮出了積極的作用。

但是，有一種情況不能不認真應對。

那就是，授權之後，部門與部門之間產生的對抗性阻力。

許多管理者剛聽說透過授權可以提升公司的領導力時，都會表現出很大的熱情，他們也願意建立起相對的措施來實踐這一理想。但是，公司事業部和業務經理們，卻本能地控制著自己在領導力發展措施中的參與程度。他們每個人心中都有一把尺，那就是這項措施對自己的業務部門究竟有多少有利之處。

授權後的失控情況是完全可以避免的。只要領導者能夠保持溝通與協調的順暢，採用類似「關鍵會議制度」、「書面彙報制度」、「管理者述職」等手段，強化資訊流通的效率與效果，那麼任務在完成的過程中，失控的可能性其實是很小的。同時，在安排任務的時候，應該盡可能地把問題、目標、資源等，向部屬交代清楚，這也有助於避免任務失控。

當在管理者和員工在解決問題的方法上產生分歧的時候，作為領導者一般偏向相信自己的經驗，他會強迫部屬執行自己的意見，致使部屬不願意對任務負責。

解決這種問題的辦法是：思想要豁達。其實條條大路通羅馬，問題的關鍵不是方法，而是結果。一些具體的處理細節，作為領導者，完全可以授權給自己的部屬來全權處理。也許，在此過程中，您的部屬能夠創造出比您的經驗更科學、更出色的解決辦法呢！要知道：部屬就是領導者手裏擁有的最大的財富，他們幫你把產品賣掉，幫你和經銷商討價還價，幫你與消費者做溝通……在具體的業務內容和常規工作程序方面，他們之中的一些人甚至具有比你還要豐富的經驗，對這些好的資源，領導者只需要好好的利用，且讓他們可以充分地發揮才能。

拇指管理思想，最講究的是信任、自信和贊許。掌握拇指管理法的精髓有很多困難，其中有一條就是它要求領導者或管理者自身必須要掌握一門專業技能，並且對自己的專業能力很有自信，惟有如此才可以放心地讓部屬去做事，去施展才華和創造力，而不必擔心被他們超過。

其實，部屬要超過你，有時並不是人為可以阻止的。部屬若積滿了超過你的能量，他必然可以找到機會發洩出來，對於這樣的事，授權者擔心過多，只會自亂陣腳。

在一家大型的圖書公司，有一位發行員史迪夫，非常能幹，推銷能力很強，曾經在公司中連續四年被評比為「金牌發行員」。後來，他當了區域銷售經理，坐上了管理職位。很快，他與部屬之間的衝突也隨之而起。為了蟬聯「金牌發行員」的榮譽稱號，他不僅無法積極地向部屬提供幫助，反而是搶他們的訂單。於是，他的員工們只好紛紛離開了他，另尋出路。

最後，等待他的是眾叛親離的悲慘結局。因為領導無方，他又回到了發行員的老位子上。而史迪夫是一個只能上不能下的人，他覺得自己待在公司實在是有些丟人，於是就跳槽而去。結果，在其他公司，一時之間也不容易打開發行的通路，於是沒能做到像他剛進公司時許諾的成績，最後遭到了被開除的命運。

從此，就算換了二、三家圖書公司，也都未能東山再起，最後，在圖書發行這一行業沒辦法再待下去，於是轉而投入空調銷售行業。但是，他的空調銷售業績更不如他的圖書銷售業績，最後的結局可想而知。

〔第二十堂課〕

豎得高才能看得遠

拇指管理思想要求：身為拇指的領導者要具備有控制全局的能力，這就決定了其必須要具備有高瞻遠矚的素質。

名滿全球的聯邦快遞公司，目前幾乎在全球任何一個城市都能看到它們快捷的身影。你們可曾想過，聯邦快遞公司當年可是最大的風險投資企業，它曾創造過連續三十二個月裡每個月賠掉一百萬美元的紀錄。有一段時間，許多人都認為，它的瘋狂之舉肯定不會長久。就是在這樣的艱難困境中，創辦人弗雷德·史密斯仍然不放棄心中的偉大構想，表現出了不同凡響的高瞻遠矚。他不放棄對公司的願景設計，他充滿信心地向他的所有員工和投資人宣布他的兩大目標：

第一，使所有顧客滿意程度達到百分之百。

第二，使員工兌現服務承諾百分之百。

目標一致，才會有共同的夢想。有了共同的夢想，才會產生強大的行動力量。在經歷了一番幾近存亡的考驗之後，聯邦快遞終於成功了。

現在，當你想起「使命必達」這個詞的時候，你腦海中最先想起的是誰的身影？當你需要將郵寄的東西在一夜之間被送達目的地的時候，你會想起誰可以幫你完成任務？你想到的是聯邦快遞的話，那麼，事實證明是那個北美洲的老頭勝利了，他靠著他的宏偉構想戰勝了連續三十二個月的噩夢。

作為領導者就得這樣，你必須將你的夢想和願景告訴給你的員工，你要讓他們知道：「我們為什麼要來到這裡？我們要做什麼？我們聚集在一起要達到什麼樣的目的？」當員工知道你的夢想之後，他們就會努力去做你想要做的事情。只要能夠實現你的夢想，不管做這些事情需要付出什麼樣的代價他們都願意。

如果當年，美國總統甘迺迪不把有關未來美國的願景告訴別人，就不會使世界看待美國的視野發生變化。

公司領導者給員工的目標，就是企業的短、中、長期規劃，就是企業未來的願景，當然，這個宏大願景裡也包含著員工個人的美好前程，甚至是富裕的、尊貴的未來。

早在一九三二年，松下幸之助在向企業員工演講使命感的時候，曾經描繪了一個在二百五十年內達成使命的願景。其內容是：把二百五十年分成十個時間段，第一個時段的二十五年，再分成三期，第一期的十年是致力於建設的時代；第二期的十年繼續建設，並努力活動，稱「活動時代」；第三期的五年，一邊繼續活動，一邊以這些建設的設施和活動的成果貢獻於社會，稱「貢獻時代」。第一時間段以後的二十五年，是下一代繼續努力的時代，同樣要建設、活動、貢獻。如此一代一代地傳下去，直到第十個時間段，也就是二百五十年以後，世間將不再有貧窮，而是變成一片繁榮富庶的樂土。

松下的這個規劃，可以說是絕無僅有的，不僅在企業界未有先例，就是那些赫赫有名的政治改革家，也沒有多少人有這樣宏偉的規劃。難能可貴的是，時至今日，可以說他的夢想正在一步一步實現著。而更為現實的是，松下的這種規劃讓每個員工都擁有了燦爛輝煌的夢想，因此提高了他們的工作熱忱和積極性，也提高了工作效率，促進了企業的快速發展。其作用是不可估量的。

世人皆知，松下幸之助並不是一個富有心機的領導者，他為人真誠坦率、正直無私。他能讓員工擁有夢想的目標，並不是出於任何的投機心理。他確確實實的是想讓員工生活得好一些，而這種良好願望的回報，是盡人皆知的。松下說：「經營者的重大責任之一，就是讓員工擁有夢想，並指出努力的目標。否則，就沒有資格當領導者。」

拇指管理思想認為：擁有夢想，就會擁有動力。

員工可以在你的監視下，依照你的想法做事，但是你不能做到在所有的時間裡都監視你的員工。當你不再監視員工時，對員工來說，個人做事的動機直接影響到他們行事的方式。

領導者必須能確實掌握大家的期待，並且把期待變成具體的目標。大多數人並不清楚自己的期待是什麼。在這種情況下，領導者應該能夠清楚地把大家的期待具體地提出來。

要做到這一點，需要領導者透過行動並參與員工的工作。行動、參與是拇指管理思想反覆強調的，原因很簡單，如果你不去行動、你怎麼會瞭解員工到底在做什麼？你不知道員工在做什麼，就更不用說要帶領他們朝向夢想前進了。

沒有魅力的領導者，因為惟恐目標不能實現，所以不能展示出令部下心動的願景。部屬對這樣的領導者，必然不會有信心。工作場所自然像一片沙漠，大家都沒有高昂的鬥志，就算是微不足道的理想也無法實現。

當然，即使有偉大的願景，如果沒有清楚地規劃出實現過程，也無法使大家產生信心。因此，規劃願景的同時，還必須規劃出實現願景的過程。這是一個必經的過程，指的就是從現在到實現目標所採取的方法、手段及必經之路。

我們可以將目標的實現分成若干階段，這樣既不至於使目標太大，難以激起員工的興趣，又不至於使目標太小，讓員工覺得沒有意義。為實現最後的結果，就必須從最末位的目標開始，一步一步地向前面的目標邁進，依序完成每個目標。最末位的目標必須設定在最接近目前的狀況，且盡可能的詳細而現實，也就是說，最末位的目標必須是可以達成的。達成了以後，再以更高的目標為目的。

達成目標的過程或手段，規劃得越仔細越好。越上位的目標，其過程或手段可以越概略。只要從下位目標一步一步地向上「爬」，最後的目標一定可以實現。

在用目標激勵員工的時候，作為領導者，不要忘記對員工提出更高的挑戰。試想，沒有員工的不斷自我挑戰，公司又何來自身的不斷超越。有些鬥志激昂的員工更喜歡迎接挑戰，如果企業不能不斷地提出高標準的目標，他們的潛能就不會被不斷地釋放。

把由眼前的現狀到達最後目標的過程的每一階段，都規劃成一幅幅的目標藍圖，若每一幅藍圖都能實現，那麼，實現最後目標就確定不疑了。

但是，作為領導者，你還必須要想到怎樣讓公司的目標吸引員工。如果是以強權或權威來壓制一個人，這個人做起事來就失去了真正的動力。抓住人的期待並予以具體化，使其為了實現這個具體化的期待而努力，這就是賦予的動力。因為具體化期待是能夠實現的目標。例如，蓋房子的時候，建築師把自己的想法具體地表現在構圖上，工作再依照藍圖完成建築。如果沒有建築師的具體規劃就無法完成。

同樣的道理，企業在行動時也必須要有行動的藍圖，也就是精密的具體理想或目標。如果這個具體的理想或目標規劃得生動鮮明而詳細，部下就會毫無疑惑地跟從追隨。如果領導者不能為部下規劃出具體的理想或目標，部下就會因迷惑而自亂陣腳，喪失鬥志。

拿破崙在進攻義大利之前，不忘鼓舞全軍的士氣：「我將帶領大家到世界最肥美的平原上，那裡有名譽、光榮、富貴在等著大家。」拿破崙很正確地抓住了士兵們的期待，並將之具體地展現在他們的面前，以美麗的夢想來鼓舞他們。

善於領導的人，能夠將大家所期待的未來願景，劃上豔麗的色彩。這願景經過他的潤飾後，就不再是微不足道的事，而是形象生動的美好藍圖。大家的熱情自然倍增，士氣自然高昂。

想要為企業制定下一個目標，並讓員工覺得企業目標對個人富有意義並不容易。實際上是大多數企業關於目標的敘述都太模糊，對部門經理用處不大，它們也往往和現實脫節，甚至失去可信度。

對任何一個組織來說，願景有很大的作用。有沒有共同的願景，或者說願景能不能得到員工的認同，實在是公司的領導者領導水平的分水嶺。而這種領導水平差異的結果，必然是公司間差距的關鍵原因。

為什麼會有如此的結果？

因為有沒有共同願景對於員工的行為來說，具有表面微小實際上卻十分重大的差別。員工的奉獻精神—人類任何組織崇尚的普遍美德，便與公司的共同願景息息相關。而如果沒有共同願景，那麼奉獻的行為不僅不會產生，連遵從的行為也不可能。在《第五項修練》中，彼得．聖吉精微地分析了奉獻、投入、遵從之間的區別，他引用了基佛所說的話：「投入是一種選擇成為某個事物一部分的過程。」「奉獻是形容一種境界，不僅只是投入，而且心中覺得必須為願景的實現負完全責任，」他認為沒有共同願景的組織往往只會導致員工對上級、對組織的被動式的遵從，而絕不會產生對組織的真誠奉獻。

建立共同願景不能靠命令，不能靠規定，只能靠周而復始的溝通和分享。必須認識到，不斷的強勢宣傳推動也是可取的方式，但任何強迫和勉強性的措施可能都會適得其反。建立共同願景不是解決某一具體問題的回答，也不是一種形式上的東西，而是必須由組織各級管理者和全體員工全過程、全方位、多方法、全面地將共同願景貫徹落實在生產經營和工作的各個方面。

建立共同願景也不是一蹴而成的工程，它的建立和完善需要細緻的工作和漫長的過程。在這個過程中，「願景」還必須得到「使命」的支持。願景解決的問題是我們要創造什麼，它往往是一種相對宏觀和抽象，又需要長期的奮鬥才能接近或實現的目標，而使命要解決的關鍵問題是如何創造和實現，所以使命既可以說是實現願景的關鍵步驟或手段，又可以說是公司組織實現願景的現實的總目標、富有挑戰性而且明確的基本任務，使命也是公司成立的目的和存在的原因。

使命對於願景來說格外重要，沒有使命支持的願景往往成為水中月、鏡中花。

#〔第二十一堂課〕

實現最佳管理

拇指管理思想要求領導者做到高瞻遠矚，但同時也要能夠實現有效授權，如果沒有有效授權作基礎，領導者的高瞻遠矚極有可能變成好高鶩遠，變成華而不實的浮誇。

一九九八年十二月七日美國《時代》雜誌，專門報道了本世紀最有影響力的商界奇才，大力稱頌了一批本世紀最有才智的管理者：可口可樂公司的羅伯特·戈伊祖塔、通用電氣公司的傑克·韋爾許、沃爾瑪公司的山姆·沃爾頓以及松下電器的松下幸之助。根據他們的成就，人們得知，除了領導才能和極強的商業敏銳力之外，這四個人還有其他的共同特點，那就是他們都有很強的好奇心，因此一生中不斷地學習。他們始終意識到，企業的潛力取決於給部屬盡可能多的成功機會，因而他們非常關注員工。

其實，即使到了二十一世紀，這些品質仍將是成功的領導者所必需的。領導者必須明白：最高的效率來自一個自由人積極主動的配合。領導者的管理最主要的目的是：在高瞻遠矚的大方向內，盡可能地解放員工，剔除對員工的限制。大多數公司中都隱藏著各種抑制、限制、約束員工為工作付諸最大努力的機制。

為了解放你的員工，有必要對整個工作系統中的每一個部分進行調整，而不僅僅是對管理活動進行調整。**記住，作為領導者，你要做的是允許其他人在調整工作系統過程中當帶頭人。**

如果你要求員工很好地完成工作，你就必須將他們從任何毫無意義而且限制員工成長、發展和在工作中控制最大才能的規章、程式、政策、常規、批准、彙報、工作記述、組織結構、官僚主義期望和企業規程中解放出來。

在太多的公司裏，不僅束縛了員工的身體，塞住了他們的口，降低了效率，而且還使員工為老闆和官僚工作，而不是為客戶工作。高瞻遠矚的領導人要讓員工來當帶頭人。

當你解放員工，讓他們當帶頭人時，他們會發現新的、具有創造性的方法來提高收益率，達到讓客戶滿意的目標。銀行已經放鬆了管制，航空公司已經放鬆了管制，公用事業單位已經放鬆了管制。現在就開始經由相信員工的巨大潛力並取消對他們的約束，來解除對你的員工的管制吧！

現在提倡用不同的模式來理解員工，拇指管理思想認為，照此種方式行動，一種更有效的領導形式就會產生。

首先，領導者必須放棄對與自己共事的人具有壓制力的任何想法。現在的員工受過的教育比以前任何時候都高，他們都瞭解自由做出決定的重要性。

其次，你必須有所保留地接受傳統的激勵方法。在適當的鼓勵下，員工將會擴展自己的努力，並對自己的生活負責。所謂的獎勵應僅用於確認員工好的工作成績。

第三，你必須放棄自己在發起行動、產生新觀點、成就革新等方面高於員工的想法。員工們比你更具有才華、能力和興趣，能更好地促進企業發展。

第四，這也是最後一點，你永遠不能約束、抑制、限制、阻礙或妨礙你的同事對優異成績、高尚品質、突出表現以及享受工作的追求。

拇指管理思想的口號有四個：

讓員工自由地工作，讓員工向前，讓員工追求卓越，讓員工嚮往更多、更多、更多成功帶來的碩果。

新經濟中的領導者讓員工自由地去追求、去前進、去嚮往、去實現。正如美國前總統柯林頓所提倡的，他說：

我們渴求一個建立於四種人類基本自由之上的世界。

第一種是言論和表達的自由—在世界的每一個角落。

第二種是每個人以自己的方式信奉上帝的自由—在世界的每一個角落。

第三種是不受匱乏的自由—在世界的每一個角落。

第四種是不受恐懼的自由—在世界的每一個角落。

在企業裏表達自己的自由，在企業裏感到精神振奮和高尚的自由、在企業裏感到安全的自由、在企業裏感到自信並受到尊重的自由，是指導新領導者所有思想和行為的準則。

新領導者在路上，他們必須解除遺憾、憂患、疑惑和混亂。他們必須鼓舞、幫助、分享、詢問、支持和提供便利。這些新的關懷不再被保留到周末；這些新的關懷不再被保留給宗教領袖；這些新的關懷不再被歸為社會活動；這些新的關懷不再是神話或對弱者的援助；這些新的關懷現在是新經濟中領導者的責任和機遇。他們必須由平庸的轉變為強而有力的領導者。

領導者在向新標準邁進之前等待的時間越長，士氣、利潤和效率下滑的風險就越大。

另外，高瞻遠矚的領導者還要避免牧羊犬式的管理。

現在，人們都認為「叫」和「咬」式的管理也已經過時了，除非你想成為一隻牧羊犬。

最後，拇指管理思想認為，高瞻遠矚的領導，要比以往任何時候都重視與員工合作的重要性。拇指管理的口號是：我們為合作而生，我們之間如同左右腳、左右手。

拇指管理思想主張：每個人都是老闆。認為領導就是透過指示、控制和權力來影響他人，在一個群體中最有影響力，站在前面，其他人跟在後面，手握管理權，發動人們跟從自己並且有著與眾不同的看法已經不是主流。在這裡，領導並不只是指揮、命令、引導、刻標指路、捭闔縱橫、掌握全局，領導並非是終極的、偉大的、卓越的、無可匹敵的、獨一無二的、永恒不變的、至高無上的，就像有些場合中領導者被稱為首腦、巨頭、大亨、教父、主人。而領導更應該是一個親密的戰友，都如「羅馬戰隊、戰友」，並將別人視為戰友。

英文裏的「羅馬戰隊」一詞起源於拉丁文。在羅馬軍隊裏，一個「戰隊」有三百～六百名戰士，是一個軍團的十分之一。「羅馬戰隊」的引申意義為擁有共同品質或面臨共同處境，集體行動的一個群體。擁有共同品質或面臨共同處境的一群人可能是戰士、運動員，也可能是員工；不管這個群體是由什麼人組成的，他們都作為一個合作的集體共同向前。

無論在組織、實力、恢復力還是機動性方面，羅馬軍隊都發展到了在當時無可匹敵的階段。士兵對羅馬本身的效忠轉變為對當場指揮官的效忠，他們將忠誠交給能給他們帶來戰利品的人—那些勝利的指揮官。無論勝敗，羅馬的戰隊一直在不斷學習，調整他們的合作方式。國家為他們提供合適的武器和服裝，每個退伍的士兵都會分到土地，每個人都受到平等的待遇和訓練機會。

羅馬軍隊學會了行軍時如何在數週之內保持完全的自給自足。

最終，軍隊需要擔負許多專業化的任務，比如建橋、設計建造攻城機器等，這就要求對軍隊的戰友進行專門化的分工。於是，掌握專門技能的人被招募進來並加以訓練，以使戰隊盡可能的獨立和有效率。

將領導者轉變為戰友的最後一點，也是最具啟示作用的道理是──像戰友那樣思考和行動，這些戰士的個人主動性絕不會受挫。每個人似乎都明白，具有獨立思想的戰士合作成一個整體作戰，給敵人帶來的威脅遠遠超過那些只會盲目聽從命令的士兵。

無論如何，「戰隊」這種作戰方式的產生和發展無疑會造就更加自信的軍隊，而這樣的軍隊如果由老式的軍官來指揮，就更容易造反！

戰隊成員們發現，經由「戰隊」的形式，他們之間建立了比其他組合更堅實、更持久的職業關係和友誼。

同時，領導者──教員、協調人員、監察人員或者經理──也成為「戰友」，變成「戰隊」中重要的一部分。

APA運輸公司的董事長亞瑟．伊姆派拉托曾經說過：**「員工有一個極大的優點：就是只要有合理的領導者，他們都非常願意的追隨，並且認真履行自己的**

職責，為雇主盡心工作。他們是人，有複雜的情感。他們不願被看做是賣了身的傭人。好的企業領導能夠樹立和培養員工的工作熱忱和合作意願。」

合作意願是將老闆向戰友轉變的核心。領導者可以尋找其他方式來說服和引導員工合作並盡心工作，但這樣做往往就忽視了那種最有效、最基本的方式。

老闆驅策他的員工，領導者教導他的員工；老闆依仗權力，領導者依靠善意；老闆激發畏懼，領導者激發熱情；老闆說「我」，領導者說「我們」；老闆責備失敗，領導者補救失敗；老闆說「去做」，領導者說「讓我們來做」。

對此，拇指管理思想說的更明確：領導僅僅是高矚遠瞻的拇指。

領導雖是領導，但他又是一根拇指，是拇指就要與其他手指配合行動。

領導所值得稱道的不同於員工的地方在於其高瞻遠矚，他不是一味地只看腳下趕路，他的目光必須盯著整個公司前進的道路，避免誤入歧途。

處於拇指的位置使他更瞭解公司本身，由此領導者就獲得了一個有利的視野，他既瞭解本身公司，又瞭解公司前進的方向。

有著這種視野的公司是理智的，也必將是幸運的和令人敬畏的。

第五章

要批評，先豎起拇指

正確地使用批評，抱持著治病救人、
與人為善的態度去批評，
從理解部屬的真誠情感出發去批評，
批評就能發揮其他方式不能產生的作用。
公司內部不但不會有衝突，反而會出現真正的和諧。

正確地使用批評，抱持著治病救人、與人為善的態度去批評，從理解部屬的真誠情感出發去批評，批評就能發揮其他方式不能產生的作用。公司內部不但不會有衝突，反而會出現真正的和諧。

作為領導者，經常會遇到這樣的情況：你的員工或部屬他們看起來都在很賣力地工作。有的人在接聽業務電話，有的人在電腦面前是一副苦思冥想的樣子，還有的人腳步生風地穿梭於各個辦公室之間，這一切都很正常，也都很合乎你腦海中一流公司的情景。

可是，每個月，你面對財務人員做出來的各種報表，卻只能無奈地歎息，因為公司的營業額並沒有很大的起色，各方面也沒有向好的方向發展，有時弄不好，營業額還有往下掉的跡象。

面對這種情形，沒有幾位老闆可以保持良好的情緒。領導者時刻會感到被別的公司超越的壓力，由此，領導者會想到事業失敗後，種種不利於自己的地方。對失敗的恐懼，對未來生活無保障的擔心，對拚命取得的成績的留念等等。關於事業失敗後的恐怖景象會充滿他的腦海和生活中深深淺淺的角落，因此，在這種情況下要求領導者細聲輕語地對待員工的錯誤，算是一種奢侈，也是一種苛求。難怪總會有員工在暗地裏感歎：有風度、優雅的老闆難找。

實際情況是，當一個領導者在該批評別人的時候不批評，會對整個公司產生一定的負面效應。

管理者不懂批評的意義與作用，只一味地用寬容忍讓的情感對待部屬，其工作績效無疑是問題成堆的，對企業的危害也會很大。

首先，部屬的缺點錯誤得不到及時制止和糾正，由小變大，積習難改，小洞不補，大洞難堵。

其次，歪風邪氣像瘟疫一般傳染，危害整個部門。

再次，會對一些本來有積極性的員工形成打擊。

最後，員工認定管理者軟弱無力，因而越發放縱，使領導者的威信越來越低。也由於領導無力，紀律鬆弛，大家的積極性不高，部門處於潰敗的邊緣。

從上述情況可以看出，作為一個組織管理者，如果不能適當地運用批評的手段來糾正部屬的錯誤，便是沒有盡到管理者的責任。從管理的職能來看，不敢批評部屬的人，其實是沒有資格當管理者的。身為組織管理者，必須具有批評部屬的自信和勇氣，具備發現、糾正部屬的錯誤並使之能夠積極向上的能力。

只有具備這樣的素質，才能取得工作的高效率和高質量，也才能保證達到公司組織的目標。

一個領導者不能總是當個「老好人」，有時他必須進行必要的批評，以加強紀律。如果做不到這一點，同樣的過錯，不管是什麼，肯定會再次發生。除非他已經向整個組織表明他不在乎部屬的錯誤，對於員工的表現和行為，他都會接受。但是，最後結果是──對於發生差錯的那一件事，如果作為領導者都不在乎，就別指望別人在乎了。

〔第二十二堂課〕

批評前先弄清事實，把握時機

做出任何一次的批評之前，你都要三思而後行，這是拇指管理的批評觀。

弄清事實是正確批評的基礎。有些領導者一時激動就不分青紅皂白對部屬進行批評，而忽略了對客觀事件本身進行全方位的調查。不客觀的批評最會引起受批評者的抵抗，因此拒絕接受批評。

如果你把你自己也放在他人的位置上，想想你在受到了這樣的批評之後會有何感想，你就會有了答案。要考慮妥當的批評方式，批評的方式有很多種，這就需要管理者根據具體的當事人和事件進行選擇。

比如，性格內向的人對別人的評價非常敏感，可以採用以鼓勵為主的委婉的批評方式；對於生性固執或自我感覺良好的員工，可以直接地告訴他犯了什麼錯誤，以期對他有所警惕。

另外，對於嚴重的錯誤，要採取正式的、公開的批評方式；對於輕微的錯誤，則可以在私下裡點到為止。批評時要問清部屬犯錯的原因，雖然管理者可能自認為已經清楚地瞭解了事件的客觀真相，但在批評時還是要認真地傾聽部屬對事件的解釋。這樣做有助於領導者瞭解部屬是否已經清楚了自己的錯誤，也有利於領導者進行進一步的批評。有意思的是，部屬往往會告訴領導者一些他們可能並不清楚的真相。如果領導者沒有辦法證實這些問題，則應立即結束批評，再做進一步的調查瞭解。

弄清事實後，領導者還得看清，受批評者是否正處於困難時期，承受能力是否極其脆弱。如果是，你還是得等等再和他談那些麻煩事，現在還不是時候。你在提出嚴重批評的時候，必須瞭解到對方的心情。他可能感到徹底絕望，難以繼續工作；也可能要從你這裡得到證實，證實他不是被當做不合格的人來看待，而只是某件事情出了差錯。

批評人的時機的選擇是很重要的。經驗證明，當一個人在理性因素占上風時，能夠尊重事實；頭腦冷靜，能虛心聽取批評。而當其情緒因素占上風時，就會失去理智，蔑視事實，具有極大的偏見，這時不注意「冷處理」，「牛不喝水強按頭」，只會適得其反。

批評人，原則上要在對方剛發生問題時及時提醒，一旦錯過這個機會，會因為對方記憶變淡或印象不深而降低了批評效果，此事一般應視為時效過期而從記憶中抹去。

做好這一點，需要對自己的部屬有更多的瞭解，如果不能，你起碼要明白：他受過這種批評有多少次了？他會對批評有什麼樣的反應？如果你感到你只是在自個兒不斷地重覆這個批評，再說一遍顯然是沒有用的。你現在要注意瞭解的不是他犯的錯誤，而是為什麼他在經過這麼多次批評以後仍無法改進。改變一個事物的方法有很多種，角度也不同，當一種方法一個角度不能奏效時，就應考慮改變角度尋找一條更合適的途徑。

部屬只接到上司要求其改變不良行為的命令，卻沒有接到如何正確行動的指示，這種命令的作用顯然不大，部屬有可能對上司的指令不予理睬或予以抵制。改變人的不良行為如同治水，僅去築起一道攔水大堤，而不挖掘疏通的河道，是會造成可怕的水患。如規勸「煙槍」戒煙，除非他明確自己本身吸煙的危害、戒煙的好處，否則是不會去戒煙。而且正確的認識必須來自他自己的認識，而不是在別人的強迫下接受的觀點。

〔第二十三堂課〕

自己是否冷靜客觀

有可能部屬所犯的錯誤讓領導者非常生氣，但領導者千萬不要在批評時大發脾氣。這樣做的後果是領導者會在部屬面前失去自己的威信，並且給部屬造成對他有成見的感覺。

是不是因為你自己的一些問題使你做出這樣的批評？

領導者有時有可能感到來自員工的威脅，感到不受歡迎，莫名其妙地想懲罰他們。不要只根據自己的情緒，而是要根據事實的原因做出反應。

不要威脅部屬。威脅部屬容易讓部屬產生「仗勢欺人」的感覺，同時難免會造成管理者與部屬的對立。這種對立會很大地損傷部門內部的團結和合作。

如果部屬感覺到自己的尊嚴和人格受到了侮辱，很難想像他能再全心全意地為公司工作。

〔第二十四堂課〕

至少掌握一點拇指批評技巧

在批評前，你要告訴他，在另外一些事情上你覺得他做得很好。在批評前，先設法表揚一番，最好能對他的某些優點先豎起大拇指，並且用一種友好的氣氛開始談話。你找他談話，目的是想告訴他，希望他在原先的工作上再進一步，而不是想揪住他的小辮子。如果你能用這種方式處理問題，那你就不會把對方臭罵一頓，也不會把對方激怒。

相反，有些上司，他們對某件事情大為惱火時，必將當事人臭罵一頓，他們要讓當事人確實地知道，作為管理者對他的錯誤行為是怎樣的氣憤。主張這樣做的人認為，應當把怒火發洩出來，讓對方吃不了兜著走，絕不可手軟，發洩夠了以後，或許以一句帶有鼓勵對方的話結束談話。從理論上說，一切都將恢復正常。有些抱有強權管理思想的人，比較認同這樣的批評方式，儘管一些研究管理辦法的顧問鼓吹這種辦法如何如何好，但是實際上大部分有經驗的領導者，並不同意這樣的管理方式。

在批評部屬時，你要是把別人臭罵一頓，那人必定嚇得渾身哆嗦，或者是早已怒火中燒，因此，絕不會聽到你顯然在罵夠了之後才補充的那句帶點鼓勵的話。這是毀滅性的批評，而不是建設性批評。

在部屬認識到自己的錯誤後，領導者應該儘快結束批評，過多的批評會讓部屬感到厭煩。另外，領導者不應該經常將部屬的某個錯誤掛在嘴邊上，喋喋不休地反覆嘮叨。如果在批評時，部屬有不滿情緒，在批評後的幾天之內，領導者應該找部屬再談談，以消除部屬可能產生的誤解；如果批評後，部屬還是沒有改正錯誤，要認真地分析他繼續犯錯的原因，而不應該盲目地繼續批評。實際上，溝通是解決問題的最佳方法。**大多數的錯誤不是由部屬主觀引起的，可能是許多因素的綜合結果。當領導者在批評部屬時，也要認真地反省自己應該承**

擔的責任。一味地批評別人，而不反省自己的錯誤，也是許多領導者的通病。

這是做好拇指管理中妥善批評的要義。

〔第二十五堂課〕批評是為了做好事情而不是管人

當一個人在同一個地方出現兩次以上同樣的差錯，或者，兩個以上不同的人在同一個地方出現同一差錯，那一定不是人有問題，而是這條讓他們出差錯的「路」有問題。此時，人作為問題的管理者，最重要的工作不是管人，而是要求他不要重犯錯誤。

如果我們照以前那樣的方式思惟，你會發現，只要這條「路」有問題，你不在這時候出錯，還是會有其他人會因它而出錯。比如，有一盆花放在路邊某一地方，若有兩個人路過時，都不小心踢到它，現在，正確的反應是：不是這兩個人走路不小心，而是這盆花不應該放在這裡。

如果有人重覆出錯，那一定是「路」有問題，比如，對他的訓練不夠，相關流程不合理，操作太複雜，預防措施不嚴密等。

如果有人工作偷懶，那一定是因為現行的規則，即「路」能給他人有偷懶的機會。

如果有人不求上進，那一定是因為激勵措施還不夠有力，或至少是你還沒有找到激勵的方法。

如果有人需要別人監督才能做好工作，那一定是因為你還沒有設計出一套足以讓人自律的遊戲規則。

雖說事情都是人做的，但在批評部屬時，還是要儘量對事不對人，這樣做也是為了防止讓部屬認為你對他有成見。「對事不對人」不僅容易讓部屬客觀地評估自己的問題，也能讓部屬心服口服，它的重要意義還是在於這樣可以在公司內部形成一個公平競爭的環境，使部屬不會有產生為了自己的利益去逢迎拍馬的想法。

【第二十六堂課】還有沒有更好的解決問題的方式？

批評部屬是一件不太輕鬆也不容易的事情，有時會讓那些缺乏管理知識和經驗的領導者感到無所適從。但是，誰都會犯錯誤，批評也是一種藝術。如果領導者不懂得如何批評部屬，就有可能降低部門的工作效率，甚至影響整個團隊的工作情緒。

正確而有效的批評，是擺事實，講道理，動之以情，曉之以理，將心比心，換位思考，尊重他們的長處，理解他們的難處，關心他們的苦處，在大道理和小道理的結合上，透過耐心說服教育和民主討論，和風細雨地疏通引導，實事求是地指出他們認識上的短處、方法上的錯處、工作上的差處，使其能夠心悅誠服。不論怎樣批評，最好能使用一種使對方便於接受的方法，指出其行為如何錯誤以及應該採取何種行為，以取得對方的理解，讓人心服口服。

管理者遇到的情況，相對於領導者來說，情況會有所不同。因為管理者的地位不同於領導者，領導者對公司負有大部分領導責任。施加在管理者身上的壓力很多是來自於管理者本人，而不同於領導者的壓力多來自外界。

在每個管理者心中，都有一把尺，這把尺是用來衡量自己到底把事情做到什麼樣的程度，才能對得起領導者。

根據在公司中的地位不同，管理者相比較領導者對於員工的錯誤，會更多一些寬容的可能，他們更有可能就事情本身來處理事情，而不會將公司不良的業績產生後而引起的怨氣直接與某一位員工聯繫起來。他們會理智地認為，每個人都會犯或大或小的錯誤，對於錯誤「有則改之，無則加勉」。

因此，作為領導者，提升領導力的方法之一就是：讓自己手下的管理者去從事批評工作。這樣做效果更好。

當然，需要領導者親自出馬的時候，你還得親自操刀處理批評的事。

你要做的是，儘量將批評物件限定在你的直接部屬，也就是那些你委以重任的主管。無論公司的大小如何，你直接領導的部屬不要超過七個人，超過七個人會讓你忙不過來，而出現管理上的漏洞。只領導七個人是一種健康的可以長久運行的方式。對於領導者來說，你只領導這七個人，這七個人每個人再管理下面的七個人。七個人的下面又是七個，如果你的公司足夠大，可以一直這樣劃分下去直到離公司核心業務最遠的一個人。你完全可以透過這樣一個金字塔形的結構築起自己的領導網路。想讓手下七個直接部屬努力地為你工作，需要有很高的領導技巧，其中授權必不可少。有關授權的藝術，請參見本書第四章。

有些管理者深知對員工的錯誤進行批評之不易，所以他們會選擇放棄這一得罪人、吃力又不討好的事情。有些組織管理者從來不對部屬提出批評。部屬工作做不好，他寧可自己去做，也不願意指出他們的不足；部屬犯了錯誤，他睜一隻眼閉一隻眼，裝作沒有看見；部屬頂撞、拒不執行上司的指示，他急得直打轉，也不說一個字等等。之所以如此，主要有以下幾個原因，想提升領導力的人不可不知：

第一，管理者缺乏能力，或者是業務技能不夠強，自己心虛，不敢理直氣壯地提出批評，怕部屬有意見，在業務上擺爛，而自己又無能為力。因此，只好極力遷就，甚至不惜逢迎、恭維他們，而失掉了一個管理者的身份。

第二，怕得罪人。這種人的性格比較軟弱，怕部屬不服氣，頂撞自己而下不了台；怕被批評者有成見，對自己不利。他們的宗旨是「多栽花、少裁刺」。他們的真實思想是「工作好壞是公司的，有了意見是自己的」，所以不求有功，但求相安無事、息事寧人。

第三，有些人出於好心，怕因批評傷害部屬的自尊心，因此對部屬只是哄著。這種人屬於「奶媽」型，和藹可親，婆婆媽媽，雖能和部屬「和平共處」，但在部屬內心缺乏足夠的威嚴。這種作風往往助長了某些錯誤行為的泛濫。

第四，有些人是非不明，對部屬工作的優劣好壞心中沒有底。部屬的行為已發展到危害團體，影響企業目標完成的程度，他仍視而不見，聽而不聞，也不採取積極措施加以解決。

管理者對批評的認識所達到的深度，是大多數長時間身處高位的領導者不太容易理解的。管理者擔負著批評人以觀後效的責任，但換作領導者，他可能會不耐煩，而考慮索性換一個員工來試試。正是考慮到這一點，很多有經驗的員工，寧願在主管面前犯五個錯誤，也不敢在領導者面前出半點差錯。

「你是如何進行批評的？你的方式是不是被員工接受？你的批評起到應有的效果了嗎？」。

無論是領導者還是管理者，都應該明白：批評如果運用得當，其實是一種非常有效的激勵手段。「以理服人，以情感人」是管理者遵循的第一批評原則。批評是一門藝術，管理者要掌握批評藝術的要領，注意批評時間的選擇，靈活運用批評的方法，才能真正使用好批評這把利器來激勵員工，收到奇效。但是，也應該看到，批評是一種難度較高的領導藝術。批評就好像是在別人身上動手術，出了偏差就會傷人。作為企業管理者，就像醫生一樣，由於職務上的需要，不要因為批評難就不批評，而要努力地研究這門藝術，使之發揮卓有成效的作用。

批評，是一件令人十分難為情的事情，無論是作為批評者還是作為被批評者，在那種特定的氛圍之中一定都有些尷尬。不過，批評也是一門藝術，它有著許多的技巧性，而這些技巧中最重要的就是要合理地運用批評的話語。

批評的話語的劃分有許多種，其中包括暗示式、請教式、安慰式、模糊式等等，這些劃分標準並不一定十分科學，這只是根據日常工作中的運用來進行簡單歸納。作為主管，批評部屬是不可避免的，也是經常發生的。所以當你要批評某人、某事時，不妨對這些方法進行研究，相信你會從中體會出些許有用的東西。

公司內有的員工難免會把東西亂放，這時，作為一名主管，如果你用不滿的語調對員工說：「請你別把東西亂放，好嗎？」這樣，對方聽了你的話後的反應往往會是：「我想怎樣就怎樣放，別以為你是主管就了不起，這是我的自由。」這就是人為了保護自身的本能反應。

如果換一種說法，相信會產生不一樣的效果。「請把東西放好，好嗎？」相信，這位員工聽了以後會馬上收拾好東西。就這樣那位主管把批評變成了請教，既達到了目的，又維護了對方的自尊，使被批評者心服口服地接受了批評。

部屬犯下了不可原諒的錯誤，理應受到應有的處罰。部屬對自己所受到的處罰，思想上難免會一時轉不過來，這就需要你私下與他談一談，並交換一下意見。

所謂交換意見，並不是讓你對受處罰的部屬嘮嘮叨叨一大堆，一個勁兒地對他進行教育和說服，而是讓對方參與到談話之中去，進行交流。否則，說不到點子上，就起不到實際作用，對方也會對你產生反感。

談話中，你要讓部屬逐漸步入正軌，認識到自己受處罰的合理性，而並非是有意為難他。如果對方確有委屈或難言之隱，你應該表達體諒，說一些勸慰的話。

要讓員工明白，處罰決定的做出，絕不是專門對人的，而是對事的，請他不要過於激動。許多員工會認為，他們受到了處罰，他們的人格同時也就受到了侮辱。你需要透過交換思想讓他們明白，所有的處罰都是為了部門的利益和發展，不是故意去損害某人的感情。

在肯定被處罰的工作成績時，你要坦誠善意地提出對方違反了什麼紀律，這會給部門工作造成什麼樣的不良影響，做到循循善誘，務必防止簡單粗暴。

在談話結束時，你可以為受處罰尋找一個合適的客觀原因和理由，讓對方明白這次受處罰是因為失誤，希望他能避免這種失誤，這樣容易讓對方下得了台階。你還要告訴對方，他的工作態度一直都是很好的，希望他以後在工作中，為了部門的發展而繼續努力。在行使了處罰手段之後，透過一次和風細雨的談話，有疏導、有安慰、有勉勵，才能讓部屬心服口服，也才能讓他的腦筋徹底轉過來。

〔第二十七堂課〕

拇指批評的三個要點

一、批評要因人而異

在批評的過程中，不同的人由於經歷、文化程度、性格特徵、年齡等的不同，接受批評的能力和方式也有很大的區別。同時，由於性格和修養上的不同，不同的人對同一批評也會產生不同的心理反應。因此，在批評時就要根據被批評者的不同特點採取不同的批評方式，切忌批評方法單一，死搬教條。

一般來說，對於自尊心較強而缺點、錯誤又較多的人，應採取漸進式批評。由淺入深，一步一步地指出被批評者的缺點和錯誤，從而讓被批評者從思想上逐步適應，逐漸地提高認識，不能一下子將被批評者的缺點「全盤托出」，使其背上沈重的包袱，反而達不到預期的目的。

對於經歷淺薄、盲目性大、自我意識較差、易受感化的年輕人，應採取參照式批評。借助別人的經驗教訓婉轉地指出被批評者的缺點錯誤，使被批評者在參照對比之下認識到自己的缺點錯誤，進而誠懇地自我批評。

對於脾氣暴躁、否定性心理表現明顯的人，應採取商討式批評。以商量討論問題的形式，平心靜氣地將批評的資訊傳遞給被批評者，使被批評者感覺到是一種平等的、商討問題的氣氛，因而能較虛心地接受批評意見，避免對抗情緒的產生，達到批評的目的。

對於性格內向、善於思考、各方面都比較成熟的人，應採取發問式批評。將批評的內容透過提問的方式，傳遞給被批評者，從而使被批評者在回答問題的過程中來思索、認識自身的缺點錯誤。

對於思想基礎較好、性格開朗、樂於接受批評的人，則要採取直接式批評。可以開門見山、一針見血地指出被批評者的缺點錯誤，這樣做，被批評者不但不會感到突然和言辭激烈，反而會認為你有誠意、坦率，而且是真心想幫助他進步，因而樂意接受批評。

總之，批評時要根據人的不同特點採取不同的方法，從而有效地達到批評的目的。

二、批評要適度

做什麼事情時都得掌握一個尺度，而且要有「分寸」。在批評中也一樣，過與不及都是應當避免的，要力爭做到恰到好處，並且更好地達到使人奮發向上的目的。那如何才能做到恰到好處呢？

首先，批評者要在批評前告誡自己批評的目的不是針對人，而是要透過批評來幫助員工改正錯誤，進而使他奮發向上；要告誡自己只要達到了這個目的就不要再刻意地去責備員工，只要員工認識到了自己的錯誤，誠心地表示要吸取教訓，並提出了改進方案，這樣批評的效果就已經達到了，這時就不應該再批評而應該多鼓勵。

其次，充分認識到與員工的關係是一種合作的、同志間的關係，認清彼此間並不存在根本的矛盾。因此，批評的目的是要把問題談透，而不是把部屬批臭。雖是批評，詞語也要有講究，切不可氣勢洶洶，一團殺氣。即使部屬錯誤較重，或認錯態度不太好，也不必大動肝火，吵吵嚷嚷，驚天動地，搞得公司不安寧。須知，領導者批評的雖是一個人，但面對的是整個群體，話一出口，早已有別的部屬在那裡竊竊私語、議論紛紛了。由此可見，領導者在批評中應該表現出一定的風範和君子氣派，切不可鼠肚雞腸、斤斤計較，必要時還可以適當選用具有一定模糊性的語言，暫為權宜之策。

同時，員工所犯的錯誤，雖然不是一種根本對立的矛盾，但畢竟是犯了錯誤，需要的就是批評而不是褒獎。如果批評時語氣沒有分量，嘻嘻哈哈不了了之，就會失去批評的意義，從而使得錯誤在組織中形成一種不良的影響，且得不到有效的控制。應本著懲前毖後的原則，既要維護制度的威嚴，又不能放棄原則，以免賞罰不明、紀律鬆懈。

強調適度原則，就是在批評時根據犯錯誤的原因和程度給予不同程度的批評，根據被批評者的態度不同而採取不同強度的批評。

首先，要仔細分析員工犯錯誤的原因和程度的輕重而給予不同程度的批評，切忌等量齊觀、一視同仁、各打五十大板，其結果是讓被批評者心理產生一種憤憤不平之感，引出一些不必要的麻煩。應當該輕則輕，不能揪著辮子不放；該重則重，切莫姑息遷就。

其次，還應針對被批評者的不同態度而採取適度批評，對於已經承認錯誤並願意改正的員工來說切不可「窮追不捨」，不能以一種「痛打落水狗」的方式對他們繼續採取強烈的批評。

對於已經承認錯誤的員工，應當充分肯定這種態度，然後順著認錯的思路繼續下去：錯在什麼地方？為什麼犯這樣的錯誤？錯誤造成了什麼後果？怎樣彌補由於這一錯誤而造成的損失？如何防止再犯類似錯誤？等等。

對於勇於認錯的員工，批評的適度就是不要再採取強烈批評的態度，而是溫和地、熱心地幫助他們分析錯誤，幫助他們改正錯誤，並給予他們更多的鼓勵。而對於多次批評仍無效的人，就可以適當地增加批評的力度或採取別的批評方式，諸如公開的批評，採取一定的處罰措施等等，但也切忌批評過度，演變成對他的人身攻擊，而達不到批評的目的。

批評有度還體現在批評的內容上。在針對員工的錯誤提出批評時，應當著重抓住主要批評的重點，切勿從一點兒小錯誤、小過失引申出若干個「批評點」。這樣的結果是批評的重點沒有抓住，而被批評者也茫然不知所措：我是錯了，但有至於那麼嚴重、那麼誇張嗎？從而心懷不服之感，難以真正達到糾正錯誤、促使員工上進的目的。

總的來說，適度批評就是要實事求是地分析員工的錯誤，根據不同情況採取適當的批評，做到批評能「適可而止」。不能解決問題的話就不要多說，一次能奏效的就不要增加批評的次數，只要達到了批評的目的就應當停止批評，否則「過猶不及」，反而會產生諸多不利影響，達不到批評的效果。

三、充分尊重被批評者

批評的最終目的不是要把員工怎麼樣，而是要幫助他改正錯誤，從而使他做得更好，更為積極地去工作。因此，我們要儘量減少給被批評者帶來負面影響，在批評中儘量地給予尊重和關愛，讓員工樂於接受你的批評，讓他們知道批評的目的是為了幫助他們，這其中最重要的就是要充分地尊重他們。

人都有自尊心，如果在批評中否定了他人的自身價值，只能給他人帶來痛苦，使其產生積怨，甚至從此自暴自棄，同時也損害了彼此之間和睦協調的關係。

因此，在批評時就應當充分地尊重被批評者。首先，要尊重被批評者的人格，不要說諸如「愚蠢」、「笨蛋」等污辱人格的話，而應使用委婉的語氣，讓他感覺到你對自己並沒有因為過錯而輕視。其次，儘量不使用比較法來批評，因為這種比較實質上就是要證實被批評者的無能和愚蠢，是藉機攻擊他的自身價值，並且損傷了他的自尊心。

對於一個善於批評人的領導者來說，正確而有效的批評就是充分地尊重被批評者，以一種平等的身份，一種寬容和熱情的態度，讓他知道你所批評的是他做錯的那件事，絕不是他這個人，進而讓他領會你所批評的涵義：他這個人還不錯，但是這件事做得不對，今後應注意改正。也只有這樣，才能使被批評者既認識錯誤，又堅定改正的決心。

人人都有自尊心，即使犯了錯的人也是如此。所以在批評時要顧及部屬的自尊心，切不可隨便加以傷害。因此，你在批評時要能很好地控制自己的情緒，力爭做到心平氣和、冷靜處理。在說話時應儘量做到溫言細語，有力度而不是大聲斥責，這樣才能使被批評者也會以一種平和的心態來接受你的批評，也才能積極地進行總結和思考。如果說領導者一發現部屬的錯誤就火冒三丈，抓住員工的缺點就劈頭蓋臉地臭罵一通，這無疑將重重地傷害對方的自尊心，導致矛盾的激化。

對於領導者來說，控制住情緒是極為重要的。一般來說，在批評前先以一個穩定的情緒看待員工的錯誤，想到批評的目的是為了幫助對方改正錯誤而不是為了其他，告誡自己不要只圖一時痛快而大發雷霆。其次，要明白對方雖然是你的部屬，你有批評的權力，但是在人格上他與你是平等的。在批評中如果對方的態度不好可能會讓自己極為生氣，這時不妨結束談話，或者透過別的事情來轉移一下注意力，切忌因發怒而使批評毫無效果。

常言道：「甜言美語三冬暖，惡語傷人六月寒。」對於員工內部問題的批評，領導者切忌諷刺、挖苦、惡語傷人。部屬雖有過錯，但在人格上與你是完全平等的，你不能隨意貶低，甚至污辱對方。

第六章

用拇指幫助員工戰勝挫折

不能正確處理挫折的人，
就像挖井的過程中遇上岩層，
如果不把它搬開或者克服掉，
我們注定會渴死在前進的途中。

不能正確處理挫折的人，就像挖井的過程中遇上岩層，如果不把它搬開或者克服掉，我們注定會渴死在前進的途中。

挫折是指個體願望遭受到阻礙之後，所引起的心理行為變化，挫折只是在超出個體所能接受的不滿意程度時才表現出來。挫折是一種主觀感受，對某一個人構成挫折的原因，對另外一個人來說並不一定構成，它與每個人承受挫折的能力有著密切關係。

受挫折的原因有很多，一般分為客觀原因、個人內因。客觀原因包括自然環境與社會的原因。自然環境的原因，如洪水、旱災等；社會的原因，如社會風氣、制度等。個人內因，如個人的主觀感受。不同的人對挫折的容忍能力不同，有的人灰心喪氣，有的人百折不撓；有的人能承受工作中的挫折，卻不能容忍自尊心受到傷害；有的人能忍受別人的侮辱，但面對環境的障礙卻焦慮不安。人的這種適應能力，遭受挫折時免於行為失常的能力稱為挫折的容忍能力（挫折的承受能力）。通常人的挫折容忍力的高低，將受以下三個方面的影響：

一、生理條件

身體健康、發育良好的人心胸都比較開闊，承受挫折的能力也相對的比較強。

二、過去的經驗與學習

挫折在某種意義上是一所學校，過去所受的一些磨難和挫折可能對今後的工作或事業來說是一個更好的激勵，使人變得更加成熟。

三、對挫折的認知和判斷

由於每個員工的經驗不同，對事物的認知也有比較大的區別，即使挫折的客觀情境相同，員工的感受和反應也不同，評價可能也不一樣。有的人對挫折的反應非常敏感，而有的人則能比較淡然地看待這些挫折。

拇指管理思想首先要求：

作為一名領導者、管理者，在提高自己抵抗挫折的能力的同時，不要忘了引導公司組織成員加強學習，提高自身的素質，在挫折出現時，鼓起勇氣敢於挑戰，提高適應能力，才能保持高昂的鬥志，戰勝挫折，實現目標。

〔第二十八堂課〕對挫折的認知和判斷

領導者要明白：決定挫折容忍能力高低的三個方面，對於前面兩個條件，短期內提高有一定的難度，成本也太高。每個企業都有自己的目標要完成，不可能拿出大量的精力致力於這兩方面的發展。相對來說，提高員工對挫折的認知和判斷有著更加實用的效果。

在實現目標的過程中，員工產生了挫折，可能出現如下幾種情況：

1 改變方法，繞過障礙物，另擇一條路徑，實現目標。

2 如果困難難以逾越，就修改目標，改變行為的方向。

3 在障礙面前，無路可走，不能實現目標。

世上的事，都具有兩面性。關鍵是作為主體的人，如何來正視挫折，調整心理戰略，把壞事、障礙變為好事、變為坦途。

組織或個人，在實現目標的過程中，遇到了障礙，遭到了挫折。挫折對作為主體的人，同樣具有兩面性。

一、遇到挫折後，對員工來說，無疑是一個重大打擊。但是在打擊下不想辦法去戰勝困難，搬走障礙，而成為障礙或困難的俘虜，向挫折繳械投降，這種挫折心理不論是對組織還是對個人來說，沒有任何積極的意義，應該堅決加以摒棄。

二、遇到挫折，首先要鎮定、冷靜地分析產生挫折的原因。不怨天尤人，而是積極尋找克服困難、戰勝障礙、擺脫挫折的途徑。對組織和個人來說，都具有重要意義。

如果不能進行良好的挫折管理，讓員工的心理得到有效的調整，那麼員工帶著情緒，可能就會給客人提供劣質的服務。總之，這些現象都不正常，不僅影響自己的情緒，也會影響周圍人的情緒。

企業在運行過程中，不可能永遠一帆風順，挫折和障礙每個公司都會遇見，這幾乎都是相似的，不同的是，不一樣的公司遇上的挫折大小是不一樣的。但挫折產生的結果卻是一致的，它會不同程度地破壞公司的平靜。

這是一種可怕的局面。

由挫折產生的對領導者和員工的平靜的破壞，是挫折最大的弊端。如果領導者的平靜被破壞，就可能產生錯誤的領導行為，並且將錯誤擴大到每個部屬身上，最終使企業進入震蕩期。

如果員工的平靜被破壞，員工就不可能積極主動地面對工作任務，短時期會影響工作進度。而長時期則會使員工喪失創造性，最終使公司落後於競爭對手。事實上，工作中的挫折會持續不斷的存在。領導者和員工都不可能將它從工作中清除出去，因為它們天生就是日常生活中的一部分。

像下面的事情在每個公司中幾乎都是不可避免的。

領導者難免被下面的事弄得心中不平靜。

員工們總是對你評頭論足。

員工們為了自己向上爬而彼此貶損而使工作進度緩慢。

那些顯得有才氣能幹的員工，偏偏脾氣暴躁，多嘴多舌。

有些員工工作時總是擔心生活沒有保障，因此降低了自己對工作的投入程度。

缺乏自信的員工總是不能獨自處理問題。

日常工作紀律總有人試著去破壞。

獲得成功的決定性的資源缺乏……

員工們常被下面的一些問題弄得心中不平靜。

自己是否有被別人替代的可能。

自己的努力沒有被主管承認。

公司是否會因為業績的問題辭退我？

某某同事好像總是和我作對。

主管沒給我充分的條件，叫我怎麼去完成工作？

工作環境真是壓抑，叫人難受。

精神壓力太大了……

面對這種情況，拇指管理思想主張提高企業內所有人對挫折的認識。企業內的每個人都應該明白：你無法控制環境，但你能控制自己對環境做出的反應。每天，你都能看到有人對公司內的新政策或是主管說的話而煩心，你也可能由於一個客戶的過分要求而苦惱，或者，因為合作夥伴不守信譽而拖延工作進度。但是，如果你讓周圍的人或事主宰了自己的情緒，你的情緒就會像過山車一樣起伏不定。你一會兒精神振奮、心情愉快，一會兒又萎靡不振、信心全失。如果員工和領導者都這樣因為某些事而苦悶懊惱，不遇上挫折幾乎是不可能的。

〔第二十九堂課〕「保持平靜」的六條策略

無論領導者或是員工保持對挫折的昂揚鬥志是很重要的，都需要有一定的冷靜和自控能力。做到了這點你就會成為穩定、堅決、鎮靜的人。這種方法總的來說是「保持平靜」。為了獲得並保持平靜，下面有六條策略，每條都可以獨立適用或與其他各條合併適用。

一、每天定時地早起床，保持平靜。

這條規律的有效之處在於減小壓力，保持一天放鬆的最簡易的方法就是早一點兒起床。早一點起床會給心理一些良性暗示：我已經在為工作而努力，我正在通往成功的路上，我這樣繼續做下去就會成功。這樣做的關鍵之處是：要留出比平時完成這些任務時所費的時間有更充裕的時間。早起的多餘時間，可以使你從容後地想清楚事情的來龍去脈、輕重緩急。

最起碼的是，如果你早晨沒有足夠的時間吃早餐，那麼你的一天就會在緊張中開始了。其實，多數感到壓抑的人，都是因為長久的不能給自己足夠的時間吃早餐，或者做點別的事情。

二、儘量控制住自己對別人的回應方式。

對麻煩事情簡單反應的後果，往往會使你陷入更大的麻煩之中。你應有能力控制自己的頭腦和選擇自己的行為方式。這種能力來自於積極看待外部的麻煩事件。學會控制自己的內在感受，並決定如何回應周圍發生的一切，你就能夠很快控制自己的處理事情的方式。

讓別人來影響你的平靜，就等於拱手讓別人來控制你的情緒。作為領導者，你會經常發現工作關係不盡如人意，很多時候是面臨激烈的衝突。在這種令人懊惱的情況下，你可能感到不舒服，或許你感覺受到了打擊，情緒難以控制。這種情況使你喪失平和。但作為領導者一定要能在所有員工面前，控制住自己的情緒波動。

在你很可能被激怒的時候，以下四條建議會幫助你保持平靜和自制。

a 告誡自己暫時不要再往下說話了，傷人的話覆水難收。

b 做個深呼吸，放鬆一下自己。

c 不妨做中庸一些的想法，過激可能是暫時受挫後的失控。

d 只做有必要性的反應。有時你根本不需要反應，只要原諒他人，給予寬容。要努力幫助別人，而不是對抗別人。

三、不要讓事情操縱自己，儘量去控制事情。

企業為完成工作所需要的物件、目標、材料和程式等不能夠湊齊的時候，你是否依然可以保持平靜的心態去工作。在上班的時候，你的電腦突然當機了，你是否會暴跳如雷？你在匆匆忙忙地到公司的路上時，堵車了怎麼辦？如果你為每件此類不順利的事情感到憤怒和壓抑，就等於把情緒的控制權交給了不通人性的、沒有意識的、沒有思想和感情的事情！你就可能為不順利的事情而失去理智、大發雷霆，這不是最積極的反應方式，甚至也不是最明智的方式。起控制作用的，決定反應方式的是你自己，而不是事情。快樂和平靜是從人體內部產生的。

四、選擇做最重要的事情，並且一次做到底。

在我們的奮鬥過程中，要做的事情太多，遠非我們的時間和精力所能全部完成。而集中於做最重要的事情，就是分配時間和精力的最佳辦法。

要選擇應做哪些事情，有一個很有益的模式，它包括四個部分：第一，考慮所有你想為家庭、工作、社團或自己做的事情。第二，在上述四個中分別選出一件自己最想做的事情。第三，簡單計劃一下怎樣完成這四件事，而不是每一件並且要注重成效。第四，放鬆下來，遵從你的計劃，按步就班，不趕也不慢，不急也不擔心。

只要你花點時間考慮和關注重要的事情，就能得到具體的關於你到底想要什麼的答案。作為說一不二的領導者，找到內心的和諧，不是一件容易的事。要改掉任性、高傲、自滿，變得謙虛、有愛心、耐心和仁慈，需要時間和自制。但為了實現內心的平靜、安寧，贏得戰勝挫折的機會，這些努力是值得的。

五、每天保持自己的振奮狀態。

身體和意志的雙重堅強，有利於你遠離倦怠、脆弱、敏感；獲得抗擊挫折的能力和加強管理自身的能力。很多領導者身上最致命的錯誤是，他們沒有每天花時間強化自己，使自己處於振奮狀態，而且及時補充自己的能量。

航空服務人員總是建議家長先自己戴好氧氣罩，然後再幫孩子戴。這就像領導者的工作一樣，如果你喪失了力量和精力，就不能充分發揮自己的能力，你身邊的每個人都會成為你的疲乏、疲倦的最終受害者。

因此，放鬆一下，吃些可口的食物，在工作一上午之後，睡上一會兒，這些都有助於你更加有精力處理接下來的挫折和挑戰。

或許你應該放棄一些現在常吃的食物，添加些你應該吃的食物。比如，你可以根據下面的問題來考察一下自己吃的食物：

a　你經常吃富含澱粉的食物嗎？

b　你是否食糖過多？

c　你每天吃綠色、黃色蔬菜的次數是否少於兩次？

d　你是否經常吃烘烤的食物，比如蛋糕、餅乾、麵包？

e　你是否很少食用水果和蔬菜？

f 你是不是沒有每天攝取足夠的維生素和礦物質？

g 另外，除了合理的飲食結構，鍛鍊、睡眠、寬廣的心態同樣很重要。

六、將工作只當做生活的一個必要組成部分，而不是全部，這樣有利於你掌握生活平衡，以一種超然的眼光看待工作中的挫折。

在資訊時代的籠罩下，我們都逃脫不了電子郵件、行動電話、傳真的負擔。放眼看去，能夠找到生活平衡的領導者越來越少了。技術、競爭、全球化、自由化和企業兼併的飛速發展，迫使領導者不斷地延長工作時間，來保持競爭地位，這使得人的物化程度更高。就像吃單一食品不利於健康一樣，過度地長時期地從事工作也是一種不利於化解工作中的挫折的方法。有時候，放開手中的難題，出去輕鬆一下，解決問題的靈感也許就不期而至。

〔第三十堂課〕

從一挫即敗到鍥而不捨

現在，全球化趨勢、資訊技術的快速革新、全球經濟發展速度放緩、市場競爭加劇等因素，迫使企業必須在變革中求生存。面臨更大的工作壓力，員工心理問題日益凸顯為影響企業工作績效的重要因素。員工心理不健康會降低工作效率，企業付出的成本可能比人才流失還大。關注並管理員工的心理問題，已經成為各級領導者、管理者必須解決的重要課題。

員工面對挫折的心理培訓越來越受到企業的重視，特別是隨著人才和市場的競爭日益激烈，人們生活和工作的節奏加快，壓力加重。企業員工面對激烈的競爭和工作的壓力，容易出現心理緊張、挫折感、痛苦、自責、喪失信心等不良心理狀態，而心理教育疏導就十分必要。

試驗證明，良好的心理教育、疏導和訓練，能夠增強員工的意志力、自信心、抗挫折能力和自控能力，還能提高員工的創新意識、貢獻意識、集體意識和團隊精神。

心理學在企業裏的應用越來越得到重視。在世界五百大中至少百分之八十的企業為員工提供心理幫助計劃。員工心理檔案建設和心理培訓，已成為企業人力資源開發和管理中不可缺少的環節。

對此，拇指管理思想要求領導者對員工的挫折心理負有矯治責任。對於挫折，領導者可以選用的方法一般有：

1 加強引導、提高認識、正確對待挫折。挫折可以嚇倒人，也能鍛鍊人。正確對待挫折的關鍵是加強溝通、提高認識，對任何事情均做好心理準備。萬一失敗不驚慌失措與灰心喪氣。經由分析挫折的原因，鼓勵員工尋找出一條通往成功的坦途。

2 改善管理，提高容忍力。許多受挫的事實證明，不少挫折之所以發生，是組織內部管理機制有問題。管理不當，不僅產生挫折，也易使矛盾激化。改變管理方式，能夠提高成員對挫折的容忍力。

3 對受挫者的攻擊行為採取寬容態度。受挫者的攻擊行為，不論是出於何種原因，人事管理者及其他管理者、同事、親屬朋友，應進行幫助，使其從抑鬱、憤怒、激動、不滿的情緒中解脫出來。不反擊、不硬壓、不諷刺、嘲笑、挖苦。滿腔熱情地關心，幫助其分析受挫的原因，冷靜地對待挫折。

4 創造條件，改變情境。受挫者的不良情緒總是在一定情況下發生的。管理者應為受挫者創造條件，改變原來的情境。如調換一個工作環境，減少不利心理刺激，使其在新的環境中重建良好的人際關係，增強做好工作的勇氣和信心，並且愉快和諧地工作。

5 運用精神宣洩法。此法又叫心理療法，是指創造一種環境，使受挫者的緊張、焦慮、壓抑的情緒透過一定的管道發洩出來，使心理保持平衡。

使受挫者有機會自由地表達其被壓抑的情感，達到心理平衡，恢復理智。

6 積極進行心理諮詢。在組織內或在社會上，設立心理諮詢診所，和受挫人談話，為其出主意，提希望，把不健康心理消滅在萌芽狀態，讓其擺脫苦惱，穩定情緒，保持良好的心理狀態，投入實現目標的活動中去。

領導者應該經常地向組織成員指出在任何時候、任何條件下，挫折總是難以避免的，而且應正確認識與對待挫折。要承認挫折，正視挫折，然後認真、冷靜、客觀地分析各種受挫的因素，找出關鍵原因。並要培養組織成員堅強的意志，把挫折所造成的不幸，對個人的打擊，當成磨練自己意志的機會，做一名強者。

挫折與困難是不可避免的，對待它們的正確態度是鍥而不捨的精神，作為領導者要讚揚那些迎難而上、戰勝挫折的員工，並且激勵一遇到挫折和困難便掉頭就跑的員工。

這裡有一個實例，可以證明領導者對鍥而不捨的員工的欣賞，日本經營之神松下幸之助把它稱為「令人熱淚盈眶的一件事。」他回憶道：「那是我們的電池終於能夠售給N汽車公司的事，這件事前後花了五年的時間才成功。當我獲悉擔任那次業務的是一位鍥而不捨的年輕人時，不禁熱淚盈眶。整整五年的時間他歷盡千辛萬苦，不斷熱心走訪那家客戶，一再懇請對方『請採用國際牌電池』，我想，有人一定認為是他份內的事，但以他的年紀，竟然有這種耐心，真叫人佩服。一般人總是吃一次閉門羹就放棄了。今天的N汽車公司除了電池以外，還採用了本公司其他各種產品。這都是本公司員工鍥而不捨的結果。」

松下還說：「一個公司的員工，如果能夠真正有了可以讓他全神貫注的工作職位，那可說是最幸福的，但是由於社會上的各種情況，通常他們仍免不了產生由困難和挫折帶來的苦惱。要讓這些煩惱成為一種刺激，成為發現更高境界的推動力，如果這些煩惱不能成為推進力而成為日常生活中的負擔，就不只是本人的不幸，也是公司的不幸和社會的不幸。」

因此，他認為挫折是刺激人前進的動力，否則，就無法達成社會進步與繁榮。所以，領導們應該提倡鍥而不捨的精神。因為企業的環境總是處於困難和競爭中的，鍥而不捨是公司進步的支柱。

〔第三十一堂課〕容人之過等於揚人之長

有的時候，人的感覺比實際情況更為重要。人經常在感覺上犯錯誤，因此影響行動。如果問你，你能連續拍打皮球一萬次嗎？你肯定會認為不太可能做到。其實，一般人都是可以做到的，但是對於這件事的恐懼心理往往制約了人們來實現它。人往往需要在感覺和現實之間架起一座橋樑，拇指管理思想要求領導者能夠幫助員工架起這樣一座橋樑。

好的領導者，就是要完成架設橋樑的作用，他應該將整個公司的目標和全體員工的行動有效結合起來。他可以使員工們產生堅定的信念：公司的目標一定會實現。他能夠提前感到員工的恐懼，他能夠確定好員工的職責，並且很信任自己團隊的能力。

在大部分員工感到公司的目標不一定能夠實現而產生挫折之前，領導者就能夠提前鼓勵，向員工傳達出充滿信任的訊息。結果，往往是員工們都能夠信任自己的能力，朝著領導者指引的方向前進，並最終完成。

當年，汽車大王亨利．福特想研製出Ｖ6發動機（引擎），幾乎所有的設計師、工程師都認為那是一項不可能完成的任務，但是作為領導者的福特卻堅持認為那是一件可以做到的事，只是大家沒有發揮出全力而已。結果，經過研製團隊近六個月的奮戰，終於克服了Ｖ6研製工作中的核心難題。從此將競爭者一下子甩在了後面長達四年時間。

「相信自己能夠做到，你就真的能做到。」

同樣，在公司的業務遇上挫折之後，尤其需要領導者能夠站出來，運用拇指管理中的激勵方法，幫助員工戰勝挫折。

美國商業機器公司有一位高級經理人，曾由於工作嚴重失誤造成了一億美元的鉅額損失。為此，他非常緊張。許多人向董事長提出應把他開除，但董事長卻認為一時的失敗是任何企業家都會遇上的事，而只有經歷過失敗的企業家才會獲得更大的成就。董事長相信如果能繼續給他工作的機會，他的進取心和才智有可能超過未受過挫折的常人。因為挫折對有進取心的人是一針最好的激勵藥劑。

第二天，董事長把這位高級經理人叫到辦公室，通知他擔任同等重要的新的職位。這位經理人非常驚訝：「為什麼沒有把我開除或降職？」董事長說：「若是那樣做，豈不是在你身上浪費了一億美元的學費？」

後來，這位經理人以驚人的毅力和智慧為該公司做出了卓越的貢獻。

當你的員工犯錯誤時，對他的處理一定要慎之又慎。不少領導人對此的反應往往是狠狠地訓斥犯錯誤的員工，甚至心存報復之意，這樣並無助於問題的解決。既然錯誤已經犯下，就只能在如何減少錯誤的損害程度和避免重犯錯誤上下功夫，使錯誤成為通向成功之路的鋪路石。

因此，應該用善意的態度去和犯錯誤的人談話，鼓勵他用積極的觀點去看待錯誤。像商業機器公司那位董事長一樣，透過有意識地原諒他的過失或錯誤、維護員工自尊心的做法，激勵他們的進取行為，使其不致因過失和錯誤而灰心喪氣，止步不前，進而將錯誤轉化為一種強烈的動力，並且最大限度地發揮出其聰明才智。

我們先哲的話今天聽上去仍有很大的借鑑意義，他們說：「容人之過，等於揚人之長，久之必得大益。」

當你告訴員工，他們確實有能力做成大事，有能力戰勝難以戰勝的困難的時候，他們實際上就已經在開始做大事，並且能夠戰勝困難。

相反，如果作為領導的不能準確地理解部屬的能力，給予員工一定的讚賞，做好適時的提拔工作，還真有可能給部屬造成一定的挫折。

日本某設備工業公司材料部有位A君的優秀股長，因為精明能幹，科長便交給他很多工作，而股長本身還有許多自己的工作，諸如和其他部門合作、自覺建立原單位的管理系統等。A君工作積極、人品好，深受周圍同事的好評。日本企業界權威富山芳雄也認為他是很有前途的。

然而，時隔十年，當富山芳雄再次到這家公司時，竟發現A君判若兩人。原先認為A君應該已升任經理了，誰知只是個小小科長，而且離開了生產指揮的第一線，只充當一個材料部門的有職無權的空頭科長。此時的A君，給人的是一個厭世者的形象。

為什麼會出現如此讓人意想不到的變化？富山芳雄經過調查瞭解，才明白事情的真相，原來十年之間，他的上司換了三個。最初的科長，因為A君精明能幹並且是個最靠得住的人選，絲毫就沒有讓他調動的想法。第二任科長在走馬上任時，人事部門曾提出調動提升Ａ君的建議，然而，新任科長不同意馬上調走他，經過三個月的考慮，他氣勢洶洶地答覆人事部門，Ａ君是工作主力，如果把他調走，勢必要給自己的工作帶來最大的威脅，因此造成工作的損失他是不負責的，甚至挑釁地問道：「是不是人事部門要替我的工作負責？」這樣，每任科長都不肯放他走，Ａ君只好長期被迫做同樣的工作，提升只能不了了之，最初似乎沒有什麼想不通的，而且做得不錯。然而，隨著時間的推移，他逐漸變得主觀、傲慢、固執，根本聽不進他人的意見，加之他對工作瞭如指掌，就是對部下的意見也不肯聽，可以說完全是在發號施令，獨斷專行，盛氣凌人，不可一世。

結果，使得部下誰也不願意在他身邊長久做下去，紛紛要求調走。如此一來，上司認為，他雖然工作內行，堪稱專家，然而卻不適應擔任更高一層的職務。正因為如此，使他比同期進入公司的人當科長反而晚了一步。

因此他變得越來越固執，以致工作出了問題，最後被調離了第一線的指揮系統。

對於那些能幹的部屬應該充分信任他們，如果對他們總是半信半疑，不放心，給他們的感覺是你不信任他們，懷疑他們的能力，他們怎麼會不產生挫折呢？

拇指管理思想要求領導們應該明白：每個人在某個工作崗位上，都只有一個最佳狀態時期。過了這個最佳狀態，他就已經不是這個工作崗位的最佳人選，這時候最好的辦法，就是將他們往上調，用拇指管理法使他們獲得嘉獎，充分調動他們的積極性。這樣，人為所造成的挫折就會降到最低。

第七章

優先向創新伸出拇指

創新力，是企業最寶貴的財富。

不創新，則死亡。

拇指管理思想特別重視創新的重要性，

它認為在所有需要嘉獎、激勵的物件中，

應該優先向創新伸出大拇指。

創新力，是企業最寶貴的財富。不創新，則死亡。拇指管理思想特別重視創新的重要性，它認為在所有需要嘉獎、激勵的物件中，應該優先向創新伸出大拇指。

藍色巨人ＩＢＭ公司訓誡員工的只有兩個字：多思。

多思為何？

創新。

ＳＯＮＹ的「精神守則」裡說，ＳＯＮＹ公司是先鋒，從不模仿他人。ＳＯＮＹ精神實質上是什麼？

創新精神。

可見，對於創新，東西方頂級公司顯示出了一致的追求。

〔第三十二堂課〕

沒有創新就是不稱職

作為領導者，如果不重視企業的創新，即使你在其他方面做了百分之九十九，對於整個企業來說，你仍然是一個不稱職的領導。你的領導力仍然處在落後於人的水平。

觀念的落後是最大的落後。因為，觀念決定行動，思路決定出路。而更可怕的落後是你落後了還根本不知道自己落後。

我們許多企業日復一日地在重覆經營與管理上的錯誤，是因為我們已經習慣了這些「錯誤的觀念與方法」。

因此，面對新的形勢，怎麼強調創新都不過分。客觀地說，沒有一個企業不願意進行創新，但意識到這個問題並不等於就解決了這個問題。

決定一個企業興衰存亡的決定因素是什麼？是正確的思想方法和思路，這兩者來自於企業家的大腦。

如果能認識到這一點，說明你在創新的路上成功了一半。但僅僅是一半而已。

另一半是什麼？

那就是：你必須懂得讓員工也能夠掌握正確的思想方法和思路，讓員工也能夠創新。對於企業創新來說，領導者的觀念創新固然重要，但能夠讓員工創新則顯得更加重要。二十一世紀，企業唯一持久的競爭力就是比競爭對手學習得更快。這就決定了身為領導者不但要善於創新，而且要鼓勵員工創新。

對於員工的創新，你要永遠先伸出你的大拇指去嘉獎。

你對創新翹多麼高的大拇指也不過分。你也別擔心你對創新伸出的大拇指會因為頻率過多而貶值。起碼，你希望創新，表示你是一位有追求、有衝勁的領導者。這會贏得所有想做出一番事業的員工的心。

如果創新很多，作為一個領導者，你功不可沒，應該慶祝一番。相反，作為一個企業領導者，如果企業沒有什麼創新，你就應該提心吊膽了。SONY公司的成功在於它的理念—人是一切活動之本。SONY的領導總是儘可能地認識自己的員工，關注每一個部屬單位，甚至親自和每位員工接觸。公司鼓勵所有的主事者去認識員工，而不要整天坐在辦公桌後。

SONY領導層認為，在企業裏，如果所有的思考工作都由管理層來做，企業就會遭到很大的危險。每一個員工都應該貢獻他的才智。SONY的總裁盛田昭夫說：「如果我們只是執行上司認為對的事情，這個世界就永遠沒有進步。」他經常對那些有創新的員工親自嘉獎。

〔第三十三堂課〕

創新就要不怕犯錯

沒有一個企業不願意進行創新，但意識到這個問題並不等於就解決了這個問題。現實中，許多經營者在談及企業的發展時，無不把創新當成重要問題、重要手段。

從表面上看，這個問題似乎已經不存在什麼觀念的梗阻，然而細加分析，問題的關鍵剛好與觀念有關。

具體而言，企業創新能力的提升之所以緩慢，技術條件不具備的因素有之，機制制約的問題也同樣存在，但畏難者恐怕也大有人在。不可否認，其中的一些客觀原因可能很重要，但是，客觀原因對任何一個國家、任何一個企業來說大體都是相同的，並不單單因某個企業存在。

因此說，我們不應該過分地強調客觀原因，更不應該把它當做一個擋箭牌。

我們必須認識到，儘快提升企業的創新能力，是增強企業競爭力的需要。企業的競爭是全方位的，沒有一個企業可以躲在避風港裏，能夠避免競爭壓力。應該說，眼下對我們的企業來說，既有機遇也有挑戰。說機遇，是指我國加入世界貿易組織後的這段時間，正是企業提高自身國際競爭能力的大好時機，錯過了改造企業的時機，就可能喪失發展企業的機遇；說挑戰，是指在較短的時間內實現企業創新能力的進一步提升，本身就是一個極具挑戰的課題。對此，所有的領導者都得在心裏明白，提升企業的創新能力，刻不容緩。拇指管理思想認為，提升企業創新的能力，還要從提高企業的核心競爭力的高度來認識。

然而，時至今日，創新問題事實上仍然是制約不少企業發展的瓶頸。而這個問題如果不能很好地加以解決，那麼提升企業的核心競爭力只能是一句空話。

什麼是企業的核心競爭力，不同的企業有不同的回答，技術、人才、品牌或者是管理，但如果你再進一步追問他們，過了五十年後你的企業核心競爭力還是一樣的嗎？可能大部分的企業不能明確作答。這正如問一個人的核心特長是什麼時，他們能隨口說出一連串的東西，但你再問他們這項核心特長能保持多久時卻很少有人能回答出來。

小托馬斯．沃森在他的《一個企業和它的信條》裏是這樣說的：「我認為一個企業成功和失敗之間的差距經常可以歸咎於這樣一個問題，即這個組織是否完全調動了其員工的聰明才智和工作激情。是否讓他們不斷地去創新。它做了什麼來讓員工找到共同的事業？在經歷了一次次的變動時它是如何長期保持這一共同目標和方向感的呢？最後，我認為為了面對世界變化所帶來的挑戰，企業要做好準備，調整除了這些信條以外的任何事務，但對這些信條則要終其一生地堅持。技術等因素對成功也有很大作用，但我認為，公司員工如何堅決擁護和忠誠執行公司的基本信條要比它們都更重要。」

從這段話中，可以看出，對於ＩＢＭ而言，小托馬斯並不認為技術是它的核心競爭力，而是他所說的「信條」。

核心競爭力必須是一個企業能夠長期獲得競爭優勢的能力，它是一個企業能夠基業長青的關鍵因素。技術、人才及管理只能是企業在某段時期內的相對競爭優勢而已，真正能夠經得起時間考驗的因素才有可能作為核心競爭力。這個因素就是永遠的創新，不斷地去創新。

例如ＩＢＭ，在它的一百多年的發展史上，不乏導致企業滅亡的生存危機，而每一次它都能逢凶化吉生存下來並成為當今的五百大企業，如果一定要說技術是它的核心競爭力，那也要加上「不斷地創新以使顧客滿意。」即是說在技術的後面是企業的核心價值觀在指導著，以變應變。套用一句人們常說的話：「這個世界上，只有變化才是不變的。」我們可以說：惟有不斷地創新，才是真正的創新。

我國企業在入世後，很多企業都在尋找自己的競爭優勢，於是乎人力資本在一時間代替了技術，成為大多數企業的核心競爭力。殊不知，一個企業靠什麼凝聚可以不斷創新的人才，這個才是問題之根本。如果沒有一套可以激勵員工去創新的信念，最善於創新的人才也不可能在你的企業停留，那還說什麼人才是企業的核心競爭力。

很多企業口口聲聲說：「以創新為第一追求」，實際上卻根本不激勵員工去創新，純粹是一個「言語的巨人，行動的矮子」。這樣的企業讓我們怎麼想像人才有可能成為其核心競爭力？

對於這一問題的考察可以發現，導致企業創新能力不強的核心癥結還是在於企業的本身。

我們還應該認識到，企業創新能力的提升是企業競爭力提高的標誌。創新能力的高低，直接關係到企業競爭力的強弱。創新能力強的企業，其競爭力也強，反之亦然。關於創新，其內涵是多方面的，既有產品創新問題，也有企業組織創新問題，還有機制創新問題等等。只有綜合考慮，多方著手，才能實現真正意義上的企業創新。應該承認，解決這一問題不是一件容易的事。也正因為如此，才對我們的企業經營者提出了更高的要求，並在某種意義上對他們構成了考驗。

有狼的地方鹿多健壯。提升企業創新能力必然與市場競爭環境相關聯，只有在市場競爭中才能使企業的競爭力得到全方位的提升。對此，企業及其經營者應該有一個正確的認識。

SONY與別的公司相比，最難能可貴的是，盛田昭夫對創新一貫持嘉許態度。在SONY內部形成了一種良好的風氣，這種風氣就是對於那些出了差錯的創新，自始至終地抱著寬容的態度。

員工的錯誤在其他企業或許被認為是非常重大的事情，而在SONY，大家更加熱心去尋找錯誤的原因，而不是斤斤計較於誰犯了錯誤。任何人，包括公司的最高領導層，都會犯過錯誤。其中為SONY員工尊重的井深大本人，在對Chromation系統的開發上就賠了錢。

另外，開發出來的「超卡」系統，在市場上也慘遭敗績。

因此，在SONY，人們都有一個共識：錯誤和失敗雖然是痛苦的，但它是不可避免的，所有的人都不可嘲笑失敗者，今天的失敗，是為了明天能更好地站起來。

從長遠來看，如果沒有SONY公司的人不斷地去犯錯，且從錯誤的創新中尋找，SONY就不可能面對強手如林的競爭環境下而不斷壯大。

用大腦去尋找創意需要的勇氣。創造行為和日常行為可能極為不同。從來沒有這方面體驗的人，可能會將這種有悖於日常行為的創新視為干擾和怪異，這時便需要一種勇氣來維護創意，不然大腦創造就無法發揮而被扼殺。

領導者要以愉快的心情投入創造過程，同時，也要儘可能地為部屬創造這種環境。在受到那些保守為主、缺乏同情和關懷、一心想維持現狀、不知進取的守舊人士的挖苦、批評之時，領導者要鼓起勇氣，挺身而出為你的創新團隊作創意辯護。誰能擁有用腦創意自我的員工，誰就是最執著地表現了勇氣和智慧的人，同時，也是一個有著非凡領導力的人。

第八章

拇指的禁忌

有些領導者會將部屬的成績，全都當作是自己的功勞，
或是在和部屬一起工作之初，對部屬的提議持反對意見，
但事成後，卻又誇耀自己很有本事，
這些作法都會打擊部屬的積極性，
是與拇指管理思想中激勵、
平視、承認員工的主張格格不入的。

領導者透過激勵、授權等領導藝術，賦予部屬重大責任，在激發士氣、提高效率上非常有效。但這並不是將責任都推給部屬後，領導者就可以逃避責任。當部屬在工作中失敗，或發生內外糾紛時，領導者絕不能以「這是你做的事，你要負責」為藉口，將其置之不理。

相反的，也有些領導者會將部屬的成績，全都當作是自己的功勞，或是在和部屬一起工作之初，對部屬的提議持反對意見，但事成後，卻又誇耀自己很有本事，這些做法都會打擊部屬的積極性，是與拇指管理思想中激勵、平視、承認員工的主張格格不入的。

儘管拇指管理在激發士氣、提高效率上非常有效，但它也不是總能發揮作用。某些場合，如果拇指使用不當會讓人覺得虛假。為了使拇指管理更有成效，應該注意以下幾點：

一、不宜過多

表揚就像糖。糖雖甜，可是過多就會讓人覺得膩。人吃多了就會覺得不那麼舒服了，甚至會噁心。太多的豎起大拇指也會削弱其本身的作用，甚至完全產生相反的作用。

二、需要真誠

讚美缺少了真誠，弄不好就成了反諷。態度一定要誠懇，你必須相信你表揚的員工確實是應該表揚的。如果你自己都不相信，那就不要豎起你的拇指。

三、拇指要指到剛好之處

與其說：「做得太好了！」不如說：「你的有關某某問題的報告，使我對這一問題的複雜性認識得更清楚了。」

四、以尊重的態度來徵求員工的意見

沒有什麼事情能比領導者向自己徵求意見更讓人感到榮幸的了。但是，如果你沒採納他的建議，可能會產生事與願違的結果。如果你必須拒絕他的提議，那麼請記住蘇格拉底的方法，即：詢問他建議中存在的問題，直到他認識到不足之處並收回建議。

五、要廣而告之

批評應該在私下進行，而表揚則應該公開進行，至少要讓部門的全體員工都知道。因為如果部門的其他員工知道你有表揚，那麼表揚也會在他們之中產生作用，他們會認為，自己的工作也會得到你的承認的。

有時，對業績特別突出的員工進行表揚是要非常公開的。瑪麗·凱化妝品公司就因為其表揚業績突出者的政策而聞名，優秀員工除了獲得獎品和獎章以外，參加瑪麗·凱親自頒獎的表彰大會像參加慶功會一樣，優秀員工站在主席臺前，在一片歡呼聲中領獎。獲獎者說，受到上級領導的好評和同事們的擁護與得到獎品一樣有意義。

〔第三十四堂課〕

切忌與部屬搶功

部屬的成績和建樹離不開領導者的指引、扶持，部屬的勝利往往就是領導的決策、部署的科學性、正確性的確證。但是，這一點只能由部屬和他人內心去體會，而不可流露於領導者的言詞之中。

領導者如果不管功勞的大小都想往自己的身上攬，都想向所有的人大聲宣布，會顯得毫無謙遜作風，給人的感覺是他好像沒有別的功勞可誇似的。領導者只應追求事情的實際發展，而沒有必要在成績的歸屬上爭個上下高低。將功勞推給做實事的員工，反而會使得領導者的形象更加的好。

其次能增強部屬的主體責任感。既然上司把成績歸功於員工的個人努力，那麼員工在受到褒獎之際除了珍重成績、榮譽之外，還自然會想到將來倘若發生失誤、差錯，也當然要自我承擔而無法推諉。

因此上司不掠奪部屬之美，就蘊含著在部屬犯了錯誤需要處罰的時候，部屬也不應該諉過於上司。

〔第三十五堂課〕切忌褒此貶彼

肯定和稱讚有成績的部屬，不可避免地會造成未受肯定和稱讚的部屬的心理平衡，這對於激勵眾人是必要的。

但是這種效果一般情況下只能客觀生成，上司不應採取雙管齊下、褒此貶彼的方式。

如果對某個部屬的長處極度讚譽，而對其他不具備此種長處的眾人倍加貶損，那將會嚴重地損傷眾人的自尊心和對領導者的親和力。這就大大違背了拇指管理思想中尊重員工的原則。這樣表揚部屬不但收不到預期的效果，相反卻會釀成領導者、被表揚的部屬以及未被表揚的眾人之間不應有的疏離。

【第三十六堂課】

切忌任意提高讚揚

領導者的肯定和稱讚部屬的言語當然不可溫吞，而是要具備應有的熱度。但是如果不切實際地高估了部屬的成績，人為地賦予成績本身不曾有的意義、價值，乃至流於庸俗的捧場，那麼這樣的肯定和稱讚就會產生負面效應。

第一，會使受肯定和稱讚的部屬產生盲目的自我膨脹心理，誤以為自己的做法真的具有那麼高的意義和價值，從而墜入「一覽眾山小」的迷霧中，損害了勵精圖治的開拓意識，有可能損壞他的團隊意識。

第二，會造成其他部屬的反抗心理。人們崇敬的是真正的楷模，而不是人為提高的典型。對於名不符實的樣板，人們會由不服氣到猜忌，由猜忌到厭棄，這不但產生不到應有的示範作用，反而會離散部屬之間的團結合作關係。

第三，容易滋長部屬不務實、圖虛名的不健康風氣。當部屬看到小有成就也可以得到極高的稱讚、獎勵時，便會動搖腳踏實地孜孜以求的信心，這樣就難免產生浮誇、造假、沽名釣譽、邀功求賞現象。本來作為一種激勵手段的表揚就會異化成部屬心目中的目的，其本來的意義、作用將被扭曲，乃至喪失殆盡。

〔第三十七堂課〕

不要獎勵中庸

我們這裡所指的「中庸」，不同於儒家學說中的「中庸」，而是人們口中常提到的那種略帶貶義色彩的提法。在部門中，它可以指你的部屬做事從來都沒有什麼出色的表現，但他很可靠，因為工作負擔不重，所以他總能幫上大家一點忙，雖然他從來沒有什麼新穎的想法，但至少你吩咐給他辦的事，他完成得還可以。他從來不向你表示異議，也不會要求用不同的方式做事。總之，你用他，省時又省力。

你是不是經常獎勵這一類人呢？

如果是的話，這是否就是你評價部屬工作的標準呢？

不需要太有創意，不需要太多的工作負擔，只要照著你的吩咐，一點不差地、不多不少地完成任務──這太可怕了。你這樣的做法，同時是向其他部屬傳達這樣一個資訊：大家都只要照著這樣大錯沒有、小錯不犯地去工作，就會得到領導者的嘉獎。

這種做法只會使你的公司或部門在原地踏步走，在逆水行舟不進則退的大形勢下，照這種做法做下去，只會讓你的部門裹足不前，毫無新意。

獎勵中庸確實不是一種明智的行為，除非你長期以來一直在關注著優秀的員工，認為偶爾表揚一個不是很出色的員工並無大礙，反而會激起他的信心。如果不是這樣，請你千萬不要這樣做。

如果多年來，你一直在否定工作群體中的主動精神，那麼再要員工們做到這一點是非常困難的。

一名成功的領導者，就是要幫助員工學會主動地工作。

但最重要的是要有一套成果確認、正面評價的體制，同時也要讓大家瞭解自己的公司，在公司裏扮演什麼樣的角色？工作成果得到什麼樣的認同？如果只以成果來評定個人的好壞，那是不公平的。

後記——拳頭由五指攥成

在這本書裏，我們一直試圖說明以下幾項管理思想。

一、現在的企業管理思想，太過於強調制度上的完善，靠制度上的優越性去取勝是一種偷懶行為後的幻想。任何國家的任何公司，無論大小、體制如何，它的制度終究是人定的，是死的東西，而執行制度的人是活的，同樣的制度，不同的人去執行，效果卻完全不一樣，就像在桌球台上打球，桌子一樣，而玩的人不一樣，其結果也會完全不一樣。其實，這種認識絕不是什麼新思想。但是有必要在這裡強調一下。之所以需要強調，是因為我們每個人都有避難就易的偷懶天性。

二、承接第一點，我們或許就可以立刻明瞭：領導者一定要勤快。

三、承接第二點，我們進一步明白：勤快的領導者，要多花點心思在部屬身上。有的領導者潛意識裏，說的露骨一些，是將員工當做工具來使用的。即便如此，作領導的，不管你是跨國公司的領導，還是自己一個人的領導，在使用工具之前都需要閱讀一下產品說明書。惟有如此，你才可以正確的掌握使用方法。何況，每個員工都是一些有著學習功能的工具呢！

四、如果第三點可以得到保證，那麼，你還要明白：現在的領導者，僅僅是所有手指中的一根高瞻遠矚的拇指而已，他已不是而且將來更加不是全能型的領導者。

五、這樣，你就會以一個平等的角度來管理你的員工，實施拇指管理思想中的讚賞、表揚、鼓勵、行動、信任等基本原則。身為領導者，是手指中的大拇指，但要想形成有力的拳頭，還需要其他手指的有力配合。這是後記中我們想說的唯一的意思。

國家圖書館出版品預行編目資料

管理從豎起拇指開始/ 李志敏著; -- 初版. -- 臺北市:種籽文化,2017.05
面 ; 公分

ISBN 978-986-94675-1-3(平裝)

1.企業領導 2.組織管理

494.2 106006174

Thought 14
管理從豎起拇指開始

作者 / 李志敏
發行人 / 鍾文宏
編輯 / 編輯團隊
美編 / 文荳設計
行政 / 陳金枝

企劃出版/喬木書房
出版者 / 種籽文化事業有限公司
出版登記 / 行政院新聞局局版北市業字第1449號
發行部 / 台北市虎林街46巷35號 1 樓
電話 / 02-27685812-3 傳真 / 02-27685811
e-mail / seed3@ms47.hinet.net

印刷 / 久裕印刷事業股份有限公司
製版 / 全印排版科技股份有限公司
總經銷 / 知遠文化事業有限公司
住址 / 新北市深坑區北深路 3 段 155 巷 25 號 5 樓
電話 / 02-26648800 傳真 / 02-26640490
網址：http://www.booknews.com.tw(博訊書網)

出版日期 / 2017 年 05 月 初版一刷
郵政劃撥 / 19221780 戶名：種籽文化事業有限公司
◎劃撥金額 900(含) 元以上者，郵資免費。
◎劃撥金額 900 元以下者，若訂購一本請外加郵資 60 元；
劃撥二本以上，請外加 80 元

定價：240元

喬木書房

喬木書房